ZONKOS ZEITMASCHINEN

DIE BESTEN BIKES DER 90ER UND FRÜHEN 2000ER

Fritz Triendl

Motor buch Verlag

ZONKOS ZEITMASCHINEN

Einbandgestaltung: Sven Rauert

Fotos und Grafiken: Alle Abbildungen stammen, sofern nicht anders vermerkt, aus dem Archiv der Motorpresse Stuttgart.
Coverfoto und Rücktitel: Andreas Riedmann
Fotos Seite 7,8, 197 und 198: Andreas Riedmann

ISBN: 978-3-613-04692-4

Dieses Buch wurde nach den geltenden Vorschriften der General Product Safety Regulation (GPSR) entwickelt. Bei Fragen oder Problemen wenden Sie sich bitte an den Verlag unter folgender E-Mail-Adresse: gpsr@paul-pietsch-verlage.de

Auflage 2025

Sie finden uns im Internet unter www.motorbuch-verlag.de

Lektorat: Joachim Kuch
Innengestaltung: Sven Rauert
Druck und Bindung: Graspo CZ, 763 02 Zlín
Printed in Czech Republic

VORWORT

Seit frühester Kindheit ist das Motorrad in meinem Herzen wie die Sonne im Blau. Warum das so ist, kann ich nicht mit Bestimmtheit sagen, obwohl ich mittlerweile schon tausende Maschinen probiert und darüber berichtet habe. Die Frage: »Warum liebst du mich eigentlich?« ist immer heikel. Denn Faszination, Hingabe und Leidenschaft sind ein ganz bestimmter Zauber, den man nicht mit Worten hinreichend sezieren kann.

Jedenfalls erinnere ich mich noch genau an den Moment, in dem mein Vater, der bei der Gendarmerie-Musik die Tuba spielte, zum ersten Mal mit der Dienstbayerischen zum Mittagessen nach Hause kam. Wow! Die große, schwarze BMW, das zerschundene Leder (»Bin am Brenner auf einer Ölspur ausgerutscht«) und die leichte Panik in den Augen meiner Mutter fand ich schlicht großartig.

Unvergessen sind auch die goldfarbene Triumph Bonneville am Schulweg vor der Jugendherberge, die 750er Honda mit nachgerüsteter Rennverkleidung vom Schäppi, die mit glasklarem Dopplereffekt sich nähernde und alsbald wieder entfernende Z900 mit offener Marving-Vier-in-Eins auf der Achensee-Bundesstraße, und die übermächtige Münch Mammut, die ich allerdings nur aus den Zeitschriften kannte.

Durch einen glücklichen Zufall wurde ich dann später selbst ein Motorrad-Journalist und konnte sämtliche Maschinen vom Puch Maxi bis zur RC211V-Fünfzylinder-Honda fahren.

In diesem Buch darf ich mich an einige Highlights erinnern. Und dafür bin ich sehr dankbar. Erstens Ihnen, weil Sie ein Exemplar in Händen halten, und damit meiner Schreiberei über den therapeutischen Selbstzweck hinaus einen Wert geben, zweitens dem Michael »almighty« Pfeiffer, der mir bei Steak und Marillenkuchen die Stuttgarter Motorpresse schmackhaft gemacht hat und drittens meinem Kumpel Jörg (der Furcht-) Lohse, der die Rubrik »Zonkos Zeitmaschinen« in der Zeitschrift MOTORRAD erfunden hat.

Große Freude!

Ihr Zonko

SUZUKI

Zonkos Attacke: Begeisternde Motoren

EWIG LOCKT DER REIHENVIERER

Die Frage, welcher Motorrad-Motor mich seit den 70ern bis heute am meisten begeistert hat, ist leicht zu beantworten: Es ist der Reihenvierer. Warum eigentlich?

Begonnen hat alles logischerweise mit einem Einzylinder. Mitte der 70er Jahre war meine Yamaha FS1 Autolube mit dem schlanken, langen Tank, der geraden Lenkstange und dem hochgezogenen Auspuff mit herrlich aggressivem Klang (Stichwort: Kampfgelse) zwar den Zündapps, Kreidlers und Sachs-KTMs nicht ganz gewachsen, wie man so sagt, aber für mich war sie ein Traum. Der Einzylinder 2-Takter war drehfreudig und stark genug, um das 50 ccm Moped auf 100 km/h zu beschleunigen, sofern man nicht Gegenwind hatte. Dass die KTM vom besten Freund 120 auf den Tacho brachte und die Zapp vom Bruder immerhin 110, konnte meiner bedingungslosen Liebe zur FS1 nichts anhaben. Erstens war sie fescher als die anderen und zweitens war sie wie die Werksmaschine vom Jarno Saarinen eine Yamaha. Der fliegende Finne, der 1973 in Monza bei einem fürchterlichen Unfall ums Leben kam, war mein großes Idol, mein ewiger Held.

Brap, brap statt braaaaaaaaaap

Die FS1 war meine letzte Maschine mit Einzylinder-Motor. Im Rahmen meiner Arbeit als Redakteur und Testfahrer hatte ich schon noch viel mit Einzylindern zu tun, aber ich darf in aller Offenheit gestehen: Nach der Mopedzeit riss mich das einfach nicht mehr vom Hocker. Keine Frage, eine scharfe Offroad-KTM am MX-Kurs war furchteinflößend brutal, mitreißend und erregend, aber draußen auf der Straße war so ein Einzylinder nichts für mich. Keine Laufkultur, kein breites Drehzahlband, und immer ruppig. Motoren, die unterhalb von 3.000 min schlagend an der Kette reißen und sich bei 7.000 in den Begrenzer retten, ohne nennenswerte Leistung abzugeben, holten mich einfach nicht ab. Meine Idealvorstellung war es, am Kurvenausgang das Gas zu öffnen und dann mit einem gewaltigen Motor mit mörder Durchzug und langem Atem auf die Gerade hinauszufeuern, und dabei ein langes, symphonisches Crescendo aus dem Auspuff zu hören. Auf einem Einzylinder war das unmöglich. Da musste man mindestens zwei Mal schalten. Brap, brap, brap ist halt etwas anderes als braaaaaaaaaaaaaap.

Der Zweier ist kein Vierer, aber immerhin

Seit der Honda CB750 und der Kawasaki Z900 stand am obersten Treppchen in meinem Herzen ganz eindeutig der japanische Reihenvierer. Er war das Synonym für unendliche Kraft, höchste Technik und brachialen Wahnsinn. Da ich aber erstens nicht zu den »G'stopften« (vulgo Menschen mit gut gefüllter Börse) gehörte und zweitens ehrfürchtigen Respekt hatte vor der mörderisch brüllenden Leistung (damals gehörte eine Marving Vier-in-nichts zum guten Ton und war weitverbreitet), hantelte ich mich mit Zweizylindern weiter nach oben. Und bis heute habe ich nicht vergessen, wie mich die XS650 meines Bruders in einer Größenordnung durch die Welt katapultierte, dass mir angst und bang wurde. Wahnsinn, was 50 PS mit einem anstellen, wenn man vom Moped umsteigt. Die XS kam mir so irrsinnig stark vor, dass der Wunsch, einen großen Reihenvierer auszuprobieren, sehr schmächtig wurde. Probiert habe ich aber dann doch eine Tausender, nämlich die damals brandneue BMW R100RS. Ein riesiger Kobel mit Vollverkleidung und 200 km/h Spitze. Dass ich keine Angst davor hatte, lag vermutlich am Tourenfahrer-Gummikuh-Image von BMW und jedenfalls am Fehlen eines Vierzylinders. Wer sich vor einem Boxer fürchtete, war ein Fall für den Schulpsychologen. Also unterschrieb ich ohne nennenswerte Nervosität den Leihvertrag beim

BMW-Testtag in Innsbruck, setzte mich auf die äußerst komfortable Fuhre und wand nach wenigen Kilometern des Kennenlernens den Boxer aus, bis ich tatsächlich am Tacho 200 ablesen durfte. Wow! 200! Herrlich!

Im Rückspiegel der Zeit betrachtet, war dieses Erlebnis wohl das euphorischste, das ich auf einem Zweizylinder hatte, wenngleich der Ritt auf der Bostrom 998 S Ducati mit dem Testastretta-L2 insgesamt als das Highlight gelten darf. Die Maschine war so straff, dass es mir fast die Plomben lockerte, die Sitzposition echt ungemütlich, der untere Drehzahlbereich kaum fahrbar, aber dennoch zog mich die bildschöne Bostrom unbremsbar stark in ihren Bann. Ja Himmel, das Gerät marschierte göttlich und der Sound aus den Termignoni-Töpfen mit den urdicken Krümmern war einfach nur höllisch. Da hat es manchem Herrn Inspektor die Sicherungen unter der Schädeldecke geschossen, aber ich konnte mit bestem Wissen und Gewissen sagen: »Die Maschine ist komplett serienmäßig. Man nennt sie die Bostrom Dukaten. Ein Traum! Aber rar. Und teuer. Eh klar.«

Hochzeit des Dreiers

Nach der 200er-Fahrt mit der BMW kam dann bald meine erste Erfahrung mit dem Dreizylinder. Ich kratzte all meine Kohle zusammen und kaufte mir eine schwer gebrauchte Yamaha XS 850. Die Maschine gefiel mir gut, den Kardan nahm ich zur Kenntnis und die offenen Worte des Verkäufers quittierte ich mit einem nach außen hin zustimmenden Nicken: »Die XS ist ein Superbock, liegt auch gut zu zweit, aber gewinnen kannst damit nichts.« Auch das Plädoyer für den Dreizylinder nahm ich hin:

»Der Dreier verbindet die Vorteile von Zweier und Vierer. Also unten mehr Punch als ein Vierer und oben mehr Leistung als ein Zweier.«
Dass mich letztendlich die XS850 nicht ganz glücklich gemacht hat, lag einerseits sicher an der baldigen Kapitulation des Zwischengetriebes (Zitat des Mechanikers: »Das kostet eine Lawine. Willst das wirklich noch reinstecken?«) und andererseits am doch eher zusammengerittenen Gesamtzustand. Offensichtlich hatte der Verkäufer über viele Jahre sehr ernsthaft und engagiert alles gegeben, bis ihm dann endlich der Sager über die Nicht-Siegfähigkeit der XS eingefallen ist.

Wie erregend ein Dreizylinder sein kann, habe ich dann erst Jahre später auf der Triumph Speed Triple 955i erfahren. Wow! Untermalt von tiefem, kernigem und heiserem Röhren (ein äußerst charismatischer Klang!) hob der Dreizylinder spielerisch an jeder Ampel die Front und ließ selbst einen Wheely-technischen Eierbären wie mich hundert Meter weit die Einradfahrt zelebrieren. Dieses tischartige 100 Nm-Drehmoment, das mehr oder weniger ab Standgas zur Verfügung stand, war einfach ein Traum, wie man so sagt, und beeindruckte mich tief. Fast hätte der britische Dreizylinder damit den Vierzylinder vom obersten Podest gesto-

ßen, doch die Medaille hatte eine Kehrseite, die mir weniger gut gefiel: Wand man den kraftstrotzenden Motor aus, erlebte man immer einen unfassbar mitreißenden Orkan der Beschleunigung, aber wenn man dann mit geschärften Sinnen unter vollem Adrenalin-Ausstoß den finalen Boost im oberen Drehzahlbereich erwartete, verdarb der humorlose Begrenzer ziemlich rüde den Spaß.
Wie fantastisch Dreizylinder aber auch im Rennsport funktionieren, sieht man deutlich in der Moto2. Die Triumph-Motoren sind bärenstark, drehzahlfest und beeindruckend haltbar.

Triumph, Yamaha und MV Agusta haben mächtige Dreizylinder im Programm und verdeutlichen damit, dass dieses Motorkonzept eine beliebte Variante für Menschen ist, denen die omnipräsenten, dem Zeitgeist entsprechenden Zweizylinder zu wenig und die Drehzahl-orientierten Vierzylinder zu viel sind.
Für mich persönlich ist aber der Reihenvierer nach wie vor das Maß der Dinge. Keine Frage, 600er Supersportler musste man wirklich hoch drehen, um in jenen Bereich vorzustoßen, in dem es Leistung gab, aber eine 1000er GSX-R zum Beispiel hatte immer auch von unten schon mörderviel Schmalz. Und einer XJR, ZRX, CB 1300 oder GSX 1400 wenig Kraft von unten anzudichten, wäre lächerlich und jedenfalls ein Indiz dafür, dass man von der Materie keine Ahnung hat. Diese großen japanischen Reihenvierer, die mich unweigerlich gedanklich zum AMA-Superbike-Racing der frühen 80er Jahre führen, sind in meiner Seele wie die Sonne im Blau. Dass heutzutage keiner dieser Power-Saurier mehr angeboten wird, haben wir den irrwitzigen Euro-Normen zu verdanken, die vieles ausrotten, das großen Wert hat. Dennoch ist der Vierzylinder nach wie vor der ideale Motorradmotor, um viel Leistung und sportliche Kampfkraft zu vereinen. Was die Motoren der Hypersportler - trotz der Normen - mittlerweile abdrücken, ist eigentlich ein Weltwunder und jedenfalls ein Quell unendlicher Freude. Man kann sich ganz normal eine Fireblade mit 217 PS (!) kaufen. Auch für den reinen Straßenfahrer gibt es potente Vierzylinder ohne Ende. Zum Beispiel eine GSX-S 1000. Als ich letzte Woche so eine nackte Suzuki mit Yoshimura-Topf anreißen durfte, war ich im siebten Himmel. Die Art, wie der große Reihenvierer das Gas annimmt und dann satt und dennoch aggressiv scharf über das extrem breite Drehzahlband aus dem Vollen schöpft, ist unvergleichlich. Und dazu noch dieser unfassbar erregende Sound! Es geht einfach nicht besser. Reihenvierer forever! Keine Frage, der V4-Motor ist technisch aufwendiger und hat in letzter Konsequenz mehr Leistungspotenzial, aber für mich wird der Vierzylinder in Reihe immer in Führung bleiben. CB 750 und Z900 haben mich nachhaltig geprägt.
Vielleicht kann man es abschließend so sagen: Die omnipräsenten Zweizylinder sind großartige Motoren, die mit vergleichsweise geringem technischem Aufwand und relativ simpler Konstruktion enorm viel Freude - vor allem beim Straßenfahren - bringen, der Vierzylinder aber ist die Krönung im Motorradbau und wird es - zumindest in meinem Herzen - immer bleiben. Braaaaaaaaaaaaap!

Wenn ich so über Motorrad-Motoren nachdenke …

… ist eindeutig der Reihenvierzylinder der König in meinem Herzen. Einzylinder sind mir zu ruppig. Zweizylinder erleben derzeit einen echten Hype, entfachen in mir aber nicht das emotionsreiche Feuer eines Vierzylinders. Am ehesten noch könnte ein scharfer Dreizylinder den Vierer vom Thron stoßen, allerdings killt der gnadenlose Begrenzer die sich ankündigende Drehzahlorgie zu früh. Will ich Laufruhe, Drehfreude und ein breites Band, in dem sich die Leistung ins schier Unermessliche steigert, dann führt einfach kein Weg am Reihenvierer vorbei.

Obwohl ich in der Kindheit von den GP-Stars Giacomo Agostini und Jarno Saarinen ganz schwer begeistert war, hat mein Herz immer etwas stärker für Naked Bikes als für Supersportler geschlagen. Als ich in den 80ern dann Wes Cooley, Freddie Spencer, Eddie Lawson, Dave Aldana und Co. in der AMA-Superbike-Serie mit den gewaltigen Muscle-Bikes ohne Rennverkleidung andrücken sah, war sowieso alles klar. Das waren die echten Traummaschinen für mich. Und je näher Naked Bikes diesem Ideal kamen, desto mehr zogen sie mich in ihren Bann. Gebückte auf Supersportlern aufrecht sitzend herzubrennen, ist einfach eine wunderbare, ehrenamtliche Tätigkeit.

AUFRECHTE VOLLSTRECKER

Aprilia RSV Tuono 1000 R. Die Aprilia Tuono ist auch heute noch ein glühendes Schwert auf Landstraßen und Alpenpässen

URTHUNFISCH

Tagebuch-Eintrag 4.4.2002: »Alle unsere Träume wurden endlich erfüllt: Die Tuono ist ein nacktes Superbike, das Gebückte richten kann.«

Seit den 80ern Jahren haben wir davon geträumt, dass die Hersteller Naked-Bikes mit echter Superbike-Technik an den Start rollen. Und es ist einfach nie passiert. Keine Frage, es gab sehr viele, spektakuläre Neuerscheinungen im nackten Segment, aber die Maschinen waren deutlich verschlechterte Versionen der entsprechenden Supersportler - mit minderwertigen Fahrwerken und schwächeren Motoren. Die Aufrechten unter uns hat das sehr gestört. In der extrem spektakulären Superbike-Rennserie der AMA fuhren Wes Cooley, Freddie Spencer, Eddie Lawson, Dave Aldana und Co. mit großen, luftgekühlten Vierzylindern mit gerader Lenkstange (daher kommt der Begriff »AMA-Superbike-Lenker«) unfassbar packende Rennen, und uns wollten die Hersteller mit irgendwelchen, weichgespülten, kompromissbehafteten Schlapfen abspeisen. Ja Himmel, wir sehnten uns in erster Linie ja nicht nach einem wunderschönen Motorrad für nette Ausflüge, sondern wir wollten aufrecht sitzend mit der Souveränität eines natürlichen Herrschers die Gebückten herbrennen. Und dazu brauchten wir die beste verfügbare Technik.

2002 war es dann endlich soweit. Triumph brachte in der 600er-Klasse die Speed-Four (eine der Verkleidung beraubte TT600) und Aprilia das erste, nackte Superbike: RSV Tuono 1000 R. Damit gingen beide Hersteller schlagartig in Führung. Alle anderen Nakeds am Markt wurden zu Statisten degradiert und als untaugliche Racing-Gurken entlarvt. Bemerkenswerterweise waren sowohl die TT600 als auch die RSV Mille der starken, mit sehr viel Erfahrung immer weiter entwickelten Konkurrenz am Race-Track nicht ganz gewachsen, aber bei den Unverkleideten waren Speed Four und Tuono vom Fleck weg strahlende Sieger und unschlagbar.

Bei meinem ersten Ritt mit der nackten Mille brüllte ich vor Freude und Genugtuung in den Helm. Genau so! Ganz genau so! Der 128 PS starke V990-Motor von Rotax war bärenstark und feuerte bollernd aus den Ecken des Winkelwerks, das Fahrwerk und die Bremserei hatten Superbike-Niveau, Handling und Stabilität waren großartig, alles war aus der Kiste heraus rennfähig und siegtauglich. Es war wie Weihnachten und Ostern zusammen. Wow! Ab sofort mussten sich die Gebückten warm anziehen.

Und ganz abgesehen von der überwältigenden Performance lag für mich eines klar auf der Hand: Diese »Von Racing zu Naked«- Herangehensweise muss doch auch für den Hersteller im Sinne der Entwicklungskosten interessant sein. Man nehme einen

Die hohen Riser machten aus der RSV Mille ein perfektes Naked Bike.

Supersportler, entferne einige Verkleidungsteile, verbaue eine obere Gabelbrücke mit Risern und Lenkstange und spendiere dem so entstandenen Wahnsinnsgefährt einen Lenkungsdämpfer, damit das aufgrund der aufrechten Sitzposition entlastete Vorderrad nicht auf dumme Gedanken kommt. Und fertig. Damit können die Aufrechten dieser Erde draußen in den Bergen die Gebückten nach Belieben richten. Und sollten sie am Race-Track angreifen, sind sie keine wehrlosen Opfer, sondern würdige Gegner.

Wie gut die erste Tuono war, habe ich im Juli 2024 bei der mittlerweile 8. Internationalen Thunfisch-Ausfahrt in den steirischen Bergen erleben dürfen. Zwei Südtiroler waren mit Tuonos aus 2002 und 2003 dabei und veranschaulichten in erfrischender Klarheit, dass selbst die ersten Exemplare des Donners aus Noale bis heute kampfstarke Nakeds sind. Göttlich! Mehr als zwanzig Jahre nach Erscheinen ist der Urthunfisch noch immer ein Vollstrecker-Eisen, das am Pass der Guten Hoffnung nichts anbrennen lassen muss.

Abschließend darf ich noch kurz auf die ewige »Tuono heißt doch Donner, Thunfisch ist Tonno«-Diskussion eingehen. Bemühte Erklärungsversuche von Nobelpreisträgern wie »Die Schluchtenscheißer sind einfach doof« sind ehrenvoll im Sinne der gedanklichen Anstrengung, aber nicht zielführend.

In Wirklichkeit geht es um die Freude am Spiel mit sprachlichen Unschärfen. Und in zweiter Instanz ist Thunfisch sehr passend, weil der bildschöne Raubfisch im pannonischen Meer (der Pannoniaring war unsere Hausrennstrecke) von den Gebückten gefürchtet wurde. Dass vereinzelte Tuono-Fahrer die Verballhornung des Donners missbilligen, liegt vermutlich einerseits daran, dass viele Menschen Thunfisch nur in Dosen kennen, und andererseits an der sprichwörtlichen Bierernstigkeit. Es gibt gestandene Superbiker, die ihre Fireblade ganz natürlich als Moped bezeichnen, und es gibt halt auch Menschen, die beleidigt sind, wenn die Arbeitskollegin »Du hast aber ein tolles Moped« sagt, obwohl der gute Mann eine SV 650 fährt.

DATEN

APRILIA RSV TUONO 1000 R

Zweizylinder-Viertakt-60-Grad-V-Motor, 998 cm^3, Einspritzung, Leistung 92,5 kW (126 PS) bei 9500/min, max. Drehmoment 101 Nm bei 7250/min, Brückenrahmen aus Aluminium, Upside-down-Gabel, Zentralfederbein, Reifen 120/70 ZR 17, 190/50 ZR 17, vollgetankt 211 kg, Tankinhalt 18 Liter, Topspeed 250 km/h, Preis (2002) 11 999 Euro, Bauzeit 2002 bis 2005

Für Jäger und Sammler

Zugegebenermaßen sind Tuonos als 125er oder mit V4 am weitesten verbreitet. V2-Modelle, vor allem die frühen, sind rar geworden, aber aufspür- und nach wie vor bezahlbar. Sie werden momentan unter 4000 Euro gehandelt, allerdings gibt es kaum noch Exemplare im Originalzustand. Zubehörendtöpfe sind gängig, andere Hebeleien ebenfalls.

Die Tuono war der erste nackte Supersportler in der 1000er Klasse.

Arai
SPYKE
SPYKE

»Ab sofort war BMW kein Schlapfenanbieter mehr ...« Für Zonko begann der Respekt vor den Weiß-Blauen mit dem 1100er-Roadster

TRENDWENDE

Tagebuch 11.12.1994: »Mir geht die R 1100 R einfach nicht mehr aus dem Kopf. Echt arg, dass ich mich voll in eine bayrische Beule verliebt habe.«

Da stand ich also auf der Messe in Wien und spürte den mörderischen »Will haben!«-Impuls. Unglaublich, aber wahr: Eine BMW versetzte mich in Euphorie. Aus heutiger Sicht mag dieser Satz absurd klingen oder wie der Sermon eines eingefleischten BMW-Hassers, aber im Gegensatz zur Gegenwart hatten die Bayern in den 80ern und frühen 90ern für die Straße einfach nur unwürdige Schlapfen am Start. Eine R 100 R mit müdem 60-PS-Zweiventil-Boxer und mäanderndem Fahrwerk war in meiner Welt eine Krücke unter dem Motto: »Wer es nicht eilig hat, kann damit sehr gemütlich und sehr weit fahren, aber nicht schnell«. Emotional holte mich das natürlich nicht ab. Wenn ich es mir genau überlege, muss ich gestehen, dass es mir sogar peinlich gewesen wäre, so etwas zu fahren. Und jetzt ging ich wie ein sabbernder Hund rund um die R 1100 R und überlegte, wie ich die Marie zusammenkratzen könnte, um diesen Traum von einem Motorrad zu kaufen. Ja, spinnt die Welt?! Bin ich denn über Nacht alt geworden?! Nein, nein. Es lag nicht an mir, sondern an BMW.

Nach dem großen Erfolg der R 1100 GS, die mit dem Vierventil-Boxer, dem neuen Telelever und der derb-brachialen Optik viele Menschen erreichte, die früher niemals einen bayrischen »Tuttelbären« in Erwägung gezogen hätten, rollten sie mit der R 1100 R eine überraschend sportliche Naked an den Start. 80 PS waren nicht Weltklasse, aber schon irgendwie ernst zu nehmend, mit den knapp 100 Nm konnte man sogar angeben, und mit 1100 Kubik sowieso. Knapp 200 km/h Topspeed, 246 kg vollgetankt, 305-mm-Doppelscheiben-Anker, 21-Liter-Tank, alles gut. Was mich richtig faszinierte, also in den Bann zog, waren einerseits der Telelever, der als technische Lösung gegen das Eintauchen beim harten Ankern für Aufsehen sorgte, der wunderschön und sehr aufwendig geformte Sattel, der mich irgendwie an das Zureiten eines wilden Mustangs denken ließ, und die unfassbar entspannte und souveräne Sitzposition. Ich saß auf der R 1100 R einfach perfekt, blickte nach unten zu den riesigen Zylindern, spielte mit den Hebeln, die mir wie die Griffe vollkommen natürlich in den Händen lagen, und strahlte wie die Sonne hinter einem hohen Berg (äußerlich wirkte ich selbstverständlich urcool und kritisch abwägend – ich war ja nicht allein in der Messehalle und saß auf einer BMW). Genial fand ich auch, dass die Maschine hinten einfach mit dem Sitzpolster abschloss und somit kein elendslanges Heck hatte. Na ja, und die frei liegende 18-Zoll-Alu-Felge mit den drei Speichen, die vom Paralever geführt wurde, war sowieso eine Augenweide. Die einzige Hürde, die ich zu nehmen hatte, war der Auspuff. Erstens war der gewaltige Edelstahltopf ziemlich rund und dick, zweitens war der Sammler groß und mächtig, und drittens musste man damit rechnen, dass da nicht der explosionsartige Klang der unbremsbaren Lebensfreude in die Welt posaunt werden würde. Im Gegenteil: Man konnte mit an Sicherheit grenzender Wahrscheinlichkeit davon ausgehen, dass aus dem imposanten Edelstahl-Monument nur ein laues Lüftchen entweichen würde, das vom Klangbild her eher engagierte Hausmänner mit mächtigen Staubsauger-Skills als harte Gasreißer anspräche.

Aus heutiger Sicht wäre die Lautstärke perfekt, um bei den entsicherten Anti-Lärm-Freaks nicht den Hysterieschalter umzulegen, aber in Bezug auf das

Sound-Engineering sind die Techniker heute zum Glück viel weiter. Ein Motorrad muss nicht schreien, aber es darf auch nicht klingen wie ein Lurchgourmet.

Egal. Für mich war die R 1100 R eine klare Wende. BMW war ab sofort kein reiner Schlapfenanbieter mehr. Dass die Bayern sich dann beim Nachfolger (R 1150 R) vom genialen Design der 1100er deutlich entfernten und eher zurück ins konservative Lager wechselten, versetzte mich nicht in Euphorie, und der Versuch, mit der Rockster einen auf hip zu machen, war irgendwie patschert, aber dennoch war die Kugel im Lauf, wie man so sagt. Richtig erlegt haben mich dann die K 1300 R, die S 1000 RR und die R 1200 R mit dem Wasserboxer. Diese Maschinen fuhr ich voller Stolz.

Dass aus meiner Liebe zur R 1100 R damals nichts Handfestes wurde, lag ganz normal am BMW-Verkäufer. Anzug und Krawatte hätte ich noch weggesteckt, aber seine vor Überheblichkeit strotzende Bemerkung »Japaner fährt man, wenn man flach ist« ließ mich fliehen. Zum Glück hat sich auch daran bis heute sehr viel verändert.

DATEN

BMW R1100 R VON 1995

Zweizylinder-Viertakt-Boxermotor, 1085 cm^3, Einspritzung, Leistung 59 kW (80 PS) bei 6750/min, max. Drehmoment 97 Nm bei 5250/min, Motor-Getriebe-Einheit mit Hilfsrahmen, Telelever, Zentralfederbein, Reifen 120/70 ZR 17, 160/60 ZR 18, vollgetankt 246 kg, Tankinhalt 21 Liter, Topspeed 200 km/h, Preis (1995) 16500 Mark, Bauzeit 1995 bis 1999

Für Jäger und Sammler

Der Roadster ist bis heute beliebter Dauerläufer, rund 26 200 Exemplare wurden verkauft. Auf den virtuellen Verkaufsbörsen beginnen die Preise bei 2500 Euro, nicht selten steht eine sechsstellige Laufleistung auf dem Tacho! Topgepflegte»low mileager« (heißt immer noch 50 000 bis 75 000 km) liegen bei rund 5000 Euro. Gute Angebote sind trotz des Alters scheckheftgepflegt. Ein Tipp: das Sondermodell»75 Jahre BMW Motorrad«.

Das besondere Design der R1100R sieht man auch an der einzigartigen Armaturen-Landschaft.

Buell M2 Cyclone von 1997. Hohe Einradkunst mit Harley-Motoren. Oder: So sportlich können Sportster sein. Die irre Buell und ein durchdrehender Tester

LUFT ANHALTEN BEI VOLLGAS

Tagebucheintrag 25.5.1998: »Gewaltig, irre, der Wahnsinn! An der Ampel täuschte die Buell ganz normal ein Erdbeben vor. Ich hatte das Gefühl, dass sie nicht nur die Spiegel, sondern auch den Motor abschütteln wollte.«

Als in der zweiten Hälfte der 1990er-Jahre eine mächtige Welle der Motorrad-Begeisterung Buell-Maschinen nach Europa spülte, war ich euphorisiert und irritiert zugleich. Ein scharfes Naked Bike mit einem Harley-Motor? Nun, meine Orientierungslosigkeit zeigte sich schon darin, dass ich Buell auf dem »e« betonte, also »Buëll« wie schnell. Logisch. So viel ich wusste, kam Erik, der Schöpfer, aus der Rennszene und war im tiefsten Inneren ein gewaltiger Herbrenner vor dem Herrn, wie man so sagt. Aber bereits nach der ersten kurzen Testfahrt sah ich die Sache richtig: Buell hat nichts mit schnell zu tun; »Bjuhl« wie cool trifft es besser. Diesen Sachverhalt verdeutlichte mir auch mein Freund Mick, der meinte: »Schnell? Na ja, du kannst schnell einen Motorschaden haben, wenn du die wichtigste Regel nicht beherzigst.« Die wichtigste Regel? »Man fährt eine Buell nie länger Vollgas, als man die Luft anhalten kann.« Da musste ich laut lachen. Fünf Minuten 200 km/h, und der edle Bock ist eine Leiche?! Mick nickte: »Kein Spaß. Ist schon vorgekommen.«

Okay. Auf den ersten Blick erschien mir Micks Horrordarstellung vollkommen absurd zu sein, auf den zweiten aber nicht mehr. Im Stahlrohr-Rahmen hing ja kein sportlicher Motor, sondern ein brachialer, luftgekühlter Langhuber mit vier unten liegenden Nockenwellen und nur zwei Ventilen pro Zylinder, dessen Bestimmung es war, schwere Eisenhaufen mit wenig Drehzahl und viel Drehmoment über amerikanische Highways mit gestört niedrigen Speedlimits zu schieben. In Amerika musste man den Spruch vom Luftanhalten nicht unter die Leute bringen, weil die Cops mit den Achtern, vulgo Handschellen, und dem freien Zimmer, in dem schon Billy the Kid saß, sowieso schneller zur Stelle waren. 200 km/h auf dem Highway sind im Wilden Westen schwerwiegender als der Besitz einer Stinger-Rakete zur Selbstverteidigung. Verrücktes Land. Aber nicht nur im negativen Sinne. Nirgendwo anders hätte Mitte der 90er eine derart ausgezuckte Maschine wie die Buell erfunden und in Serie produziert werden können. Da ging schon ein Ruck durch die Welt der Maschinen. Irres Design, das den Trend zum Streetfighter begründete, innovative Underfloor-Auspufflösung, die in der Folge von vielen anderen Herstellern weltweit kopiert wurde, und die erste Symbiose von Choppermotor und Naked-Bike-Geometrie. Nur den ausladenden Resonanzkasten, der eine Art Airbox mit Zusatznutzen (von Helmholtz) sein sollte, hat niemand übernommen. Kein Wunder. Erik war zwar mächtig stolz auf diese »Brotdose«, aber der Rest der Welt war einfach nur entsetzt. Wie konnte man denn dieser mörderfeschen Maschine ein derart hässliches Geschwür einpflanzen?!

Nun, ich stand mit der M2 Cyclone an der Ampel und kam aus dem Staunen nicht heraus. Die gesamte Maschine bebte dermaßen arg, dass die Rückspiegel Pogo tanzten und ihre Funktion vollkommen opferten. Egal, entscheidend war die gute Sicht nach vorne. Denn unter mir stampfte der 88 PS und 107

Der derb drehmomentstarke Motor hob die kompakte Fuhre willig in die Galerie.

Nm starke 1200er-V2 wie ein blindwütiger Stier, Sekunden, bevor er den lächerlichen Torero in die Zuschauerränge beförderte. Beim ersten Hauch von Grün gab ich die Kupplung frei, und die dumpf brüllende, zornige Buell stieg mächtig in die Galerie. Wow, was für eine Entschlossenheit, was für Gewalt! Da ich große Sorge hatte, dass mich die Cyclone verkennen könnte, rief ich ihr zu: »Ich halte nie zum Torero, sondern immer zum Stier! Es gibt also keinen Grund, dass du mich jetzt in hohem Bogen in den Donaukanal schleuderst!«

Ich durfte sitzen bleiben und donnerte in das freie Land. Vom Handling her war die Cyclone tatsächlich wie ein gutes Naked Bike, die Bremserei war nicht top, aber auch kein Grund zum Jammern, die Schräglagenfreiheit empfand ich als absolut ausrei-

Mächtiger luftgekühlter 1200er V2 mit dem Underfloor-Auspuff, der in Folge oft kopiert wurde.

DATEN

Luftgekühlter Zweizylinder-Viertakt-45-Grad-V-Motor, 1199 cm^3, ein Gleichdruckvergaser Ø 40 mm, Leistung 65 kW (88 PS) bei 6100/min, Drehmoment 107 Nm bei 5400/min, Gitterohrrahmen aus Stahl, Telegabel Ø 43 mm, Federbein liegend mit Hebelsystem, Reifen 120/70 ZR 17; 170/60 ZR 17, vollgetankt 222 kg, Tankinhalt 19 Liter, Topspeed 206 km/h, Preis (1998) 17570 Mark, Bauzeit von 1997 bis 2002.

Für Jäger und Sammler

Jäger haben es in diesem Fall besonders schwer, denn Sammler trennen sich nur ungern von der US-Marke, die schnell Kultstatus erreichte. Zudem waren die Buells hierzulande bis zum offiziellen Ende der Marke (2009) Exoten, etliche Modelle sind echte Raritäten. Die M2 Cyclone taucht in einschlägigen Verkaufsbörsen nur in sehr geringen Stückzahlen auf, unverbastelte Originale kosten mindestens 5000 Euro. Besser ist es, den Harley-Dealer des Vertrauens zu kontaktieren. Ein gutes Netzwerk hat zum Beispiel Matthias Meier (HD Hannover/Frankfurt).

BUELL M2 CYCLONE VON 1997

chend, und der Spaßfaktor war hoch.
Insgesamt war für mich die M2 Cyclone ein tolles, originelles und charismatisches Motorrad. Dennoch wunderte ich mich nicht, dass der Verkauf in Europa stockte. In erster Linie lag das nicht an der mangelnden Zuverlässigkeit, sondern am Vertrieb. Der klassische Harley-Händler in den 90ern zeigte mehr oder weniger offen seine Verachtung gegenüber Sportfahrern, die hauptsächlich mit japanischen Maschinen unterwegs waren. Genau diese Klientel hätte Buell aber gebraucht.

Mit Suzuki-Spenderherzen aus TL 1000 und SV 650 sollte die Cagiva Raptor als 1000er (o.) und 650er (r.) überzeugen

KING OF LASTWECHSEL

Tagebucheintrag 20.5.2000: »Eindeutig ist, dass die Raptoren die Monster fressen sollen. Eindeutig sind aber leider auch die Lastwechsel.«

Das Wirtschaftliche war mir fast immer egal. Mein Herz und meine Begeisterung gehörten den Maschinen. Fahrverhalten und Optik interessierten mich brennend, die Hintergründe eher weniger. Aber als Cagiva im Jahr 2000 die drei Raptoren brachte (als 650er, 1000er und V-Raptor 1000), hätte man schon ein ordentliches Brett vorm Kopf haben müssen, um den Zusammenhang mit den Monstern von Ducati nicht zu sehen. Die legendären Castiglioni-Brüder, die gezwungen waren, die Marke Ducati abzugeben, hatten keine V2-Motoren mehr zur Verfügung (wir erinnern uns mit Ehrfurcht an die Cagiva Elefant-Modelle mit den luftgekühlten 750er- und 900er-SS-Motoren) und konnten vom großen Erfolg der Monster-Maschinen nicht mehr profitieren. Mit der Monster M 900 war ihnen ja ein großer Wurf gelungen, der die Marke Ducati richtig belebte. Der dafür verantwortliche Designer Miguel Galluzzi blieb aber bei Cagiva (CA-stiglioni, GI-ovanni, VA-rese) und bekam den Auftrag zur Rache: »Mach eine Naked-Palette, die über die Monster aus Bologna ganz normal drüberfährt. Wir besorgen dir dafür die überlegenen Motoren von Suzuki.«

Ja, und dann standen sie da vor der Journalisten-Meute am Parkplatz eines edlen Hotels in Norditalien: Cagiva Raptor 650, Cagiva Raptor 1000 und Cagiva V-Raptor 1000. Möglicherweise war die Linie nicht so stimmig und zwingend wie die der Monster, aber fesch waren die Raptoren schon. Und die Zacken, die an die Raubtiere der späten Kreidezeit erinnern sollten, waren ein echtes Alleinstellungsmerkmal. Sitzposition, Handling und Bremserei begeisterten auf Anhieb. Genauso musste sich ein sportliches Naked Bike anfühlen. Keine Überraschung war, dass der wassergekühlte, laufruhige und drehfreudige 650er-V2 von Suzuki deutlich besser performte als der luftgekühlte 600er-L von Ducati und sogar dem 800er-L zusetzen konnte. Aber bei der 1000er ging nicht alles glatt. In Bezug auf die Leistung dominierte der große V2 von Suzuki selbstverständlich über den luftgekühlten 1000er-L von Ducati, aber die Lastwechsel waren so harsch, dass enge Kehren nur unter Zuhilfenahme der Kupplung ruckfrei zu fahren waren. Das war eine große Enttäuschung und eine echte Niederlage. Ich erinnere mich genau an das Telefonat, das ich mit dem damaligen österreichischen Importeur, der an aktuellen Informationen aus erster Hand sehr interessiert war (»Ich muss ja wissen, was ich verkaufe, und wie viele Stück ich ordern soll«), führte: »Die 650er ist wirklich großartig, aber die 1000er hat herbe Lastwechsel. Keine Ahnung, was sie dem Suzuki-Motor angetan haben, jedenfalls sind enge Kehren eine echte Herausforderung. Auch in der Stadt werden dich die starken Lastwechsel nerven. Das ist schade. Weil generell stehen die Maschinen allesamt sehr fesch da.« – »Na geh, das gibt's ja nicht! Da haben sie wahrscheinlich wieder bei der Einspritzung gepfuscht!« Und mir kam es so vor, als hörte ich, wie die steirische Faust neben dem Telefon auf die Tischplatte schlug. Es dürfte tatsächlich so gewesen sein, dass die stolzen

Die nach vorne spitz zulaufende Form der Armatur war richtungsweisend. Aber nicht im übertragenen Sinne.

Italiener dem japanischen V2 eine Magneti-Marelli-Einspritzung zukommen ließen, und diese unter Termindruck nicht ganz fertig entwickelt werden konnte. Ob sich das Manko in den nächsten Monaten noch ausmerzen ließ, weiß ich leider nicht (einfach ein Software-Update einspielen wie heute üblich war damals noch nicht möglich), denn die Raptoren fielen nicht gerade über den Markt her wie eine Heuschreckenplage. Im Gegenteil. Eine 650er konnte ich später noch einmal fahren, eine 1000er habe ich in freier Wildbahn nie gesehen. Und die urarge Variante »V-Raptor«, die mit einer kleinen Verklei-

DATEN

Daten (V-Raptor 1000)
Wassergekühlter Zweizylinder- 90-Grad-V-Motor, 996 cm^3, 82,0 kW (111 PS) bei 8500/min, 98 Nm bei 7000/min, Gewicht vollgetankt 211 kg, Zuladung 179 kg, Sitzhöhe 775 mm, Tankinhalt 18 Liter, Höchstgeschwindigkeit 229 km/h, Beschleunigung 0–100 km/h 3,3 sek, Verbrauch (Landstraße) 6,1 Liter/ 100 km, Preis (2000) 10 200 Mark, Bauzeit 2000 bis 2005

Für Jäger und Sammler
Die Angebote an 650er- und 1000er-Raptoren halten sich auf den gängigen Verkaufsplattformen in etwa die Waage. Deutlich seltener – wie auch von Zonko erwähnt – werden die sportlich gestylten V-Raptoren angeboten. Wer speziell diese sucht, sollte nicht lange fackeln. Wobei man z. B. bei einer 2002er-V-Raptor 1000 im Originalzustand mit 22 000 km auf dem Tacho für rund 3000 Euro nicht viel falsch machen kann.

CAGIVA RAPTOR-REIHE VON 2000

Dass die großen Raptoren die Monster nicht gnadenlos fraßen, lag hauptsächlich an der ruppigen Einspritzung.

dung und abgesenktem Lenker den Sportgedanken vertiefte, erst vor rund drei Jahren bei einem Trackday zum ersten Mal.

In meiner Erinnerung ist die 650er-Raptor sehr gut gefahren und hat tatsächlich das Potenzial gehabt, den »Rachegedanken« umzusetzen. Die 1000er war bis auf die nicht zu ignorierenden starken Lastwechsel auch ein toller Wurf und ein sehr kampfstarkes Naked, aber das Hauptproblem war wohl, dass die Optik mit den Elementen aus der Kreidezeit einfach nicht zur genialen Form der Ducati Monster aufschließen konnte. Besonders beim V-Raptor trat das Prollige zu sehr in den Vordergrund. Ein weiterer Punkt, warum die Rache Cagivas mit den Raptoren scheiterte, war die wieder einmal turbulente finanzielle Situation des Unternehmens und daraus resultierende Lieferschwierigkeiten. Schade drum!

Ducati Monster S2R 800 von 2005. Eine Ducati – nicht zu stark, nicht zu schnell, nicht zu teuer und nicht zu divenhaft. Aber schön anzusehen und noch schöner zu fahren. Ein Zonko im Glück

KING OF MONACO

Tagebuch 20.7.2005: »Bin irgendwie durch den Wind. Wie kann es denn sein, dass ich mich in das schwachbrüstige 800er-Monster schwer verliebt habe?! Was ist los mit mir?!«

Lamborghinis, Ferraris, Bentleys, Aston Martins, Rolls-Royces und uredel gekleidete Menschen standen vor dem Casino in Monaco. Ich sah mit eigenen Augen die Reich-&-Schön-Gesellschaft, die man normalerweise nur beim Damenfriseur in den Illustrierten findet, und spürte den Hauch des großen Geldes. Mondän, sehr mondän. Und dazwischen ich. Der Prolet. Eh Weltklasse. Meine feste, und vom gelegentlichen Stürzen schon etwas mitgenommene Lederjacke kostete im Neuzustand höchstwahrscheinlich deutlich weniger als die Socken des Contes. Und verglichen mit dem Preis der Frisur seiner Begleitung war mein Racing-Arai wohl ein urbilliger Kopfschmuck.

Dass ich in diesem Moment dennoch keine wie immer geartete Unterlegenheit spürte und vollkommen über den Dingen stand, lag nicht nur daran, dass ich mir gerade ein herrliches Big-Mac-Menü in die Figur gestellt hatte, sondern vor allem an meinem Fahrzeug: Ducati Monster S2R. Ich war schwer verliebt! Zwar war die Duc viel schwächer und auch in Bezug auf das Fahrwerk weit weniger gut bestückt als ihre große Schwester S4R, aber der luftgekühlte 800er-Motor mit seinen 77 PS funktionierte über den gesamten Bereich vollkommen unkompliziert und grandios. Mit großer Freude nahm ich zur Kenntnis, dass der V2 unten nicht ruckelte. Dieses störrische, bockige Verhalten unterhalb von 3000/min hatte mir damals den Spaß auf der M-900-Urmonster echt verdorben, und auch die S4R zum Beispiel wehrte sich wie eine Diva gegen tiefe Drehzahlen und entwickelte erst ab der Mitte etwas, das mit Laufkultur beschrieben werden darf. Der 800er-Motor in der S2R zog einfach von unten bis oben sehr linear und ruckfrei durch. Weltklasse! Und da die 77 PS reichten, um die Maschine auf 200 km/h gegen den Wind zu bringen, sah ich keinen Grund zur Klage. Im Gegenteil. Der V2 lieferte eine großartige Performance für die Landstraße. Ohne Zickereien, ohne die Forderung nach voller Konzentration, ohne Imperativ an ein nervöses Handgelenk. Der Motor sagte ganz klar: »Mach, was du willst. Ich kann alles.«

Ein weiterer Pluspunkt war die Kupplung. Bei den starken Ducatis brauchte man in der damaligen Zeit noch den Ärmel des Seewolfs, um einen Tag in der City oder eine längere Ausfahrt im Zeichen des Sportes ohne Unterarm-Strapaze zu überstehen, aber der linke Hebel der S2R verlangte keine Kraft. Wow! Ein echter Fortschritt. Anti-Hopping mit Komfort. Bravo! Auch in dieser Wertung hatte die S4R keine Meter, wie man so sagt.

Dass die S2R dermaßen treffsicher in mein Herz fuhr, lag aber nicht nur am beeindruckend gut einsetzbaren Motor, sondern auch an der kunstvoll gestalteten Einarmschwinge. Diese Hinterradführung wertete die Mittelklasse-Monster in meinen Augen mörderisch auf. Technisch top, optisch unschlagbar fesch.

Das Einzige, was mir an der S2R nicht hundertpro-

Analoge Rundinstrumente mit kleinem Mäusekino und einigen Lichtelementen.

zentig zusagte, war der neue Lenker. Das konifizierte Alu-Gouvernal schaute mehrwertiger aus als das normale Stahlrohr der früheren Monster, aber durch die geänderte Kröpfung wurde die Sitzposition deutlich unentspannter. Saß ich früher auf den luftgekühlten Monstern wirklich locker drauf, so spannte es mich jetzt irgendwie eigenartig über den Tank. Mehr Vorderradkontrolle und ein schärferes Einlenkverhalten waren tatsächlich spürbar, aber lieber hätte ich die ursprüngliche Sitzposition behalten.

Alles in allem war die S2R 800 damals mein Favorit unter den Monstern. Ein perfekter Motor, der durch sein breites, nutzbares Drehzahlband und seine Gutmütigkeit in der Handhabung ein Freudenspender erster Ordnung war, ein menschenwürdiges, wenn auch nicht supersporttaugliches Fahrwerk und eine charismatische Erscheinung zum Niederknien – Herz, was willst du mehr!

Ja, da stand ich also vor dem Casino in Monaco zwischen all dem unvorstellbaren Luxus, den aufgedonnerten Damen und eleganten Herren von Welt, und war fasziniert von diesem speziellen Ausschnitt der Gesellschaft. Selbstverständlich war es ein Jahrmarkt der Eitelkeiten. Aber nicht nur. Da stiegen schon auch sehr lockere, lässige Menschen aus unfassbaren Autos. Wie gesagt, ein faszinierendes Spektrum. Am meisten beeindruckt hat mich aber folgender Gedanke: »Die komplette S2R kostet weniger als vier Felgen mit Reifen hier.«

Die kunstvoll geschwungene Einarmschwinge war einfach großartig. Der luftgekühlte 800er Motor aber auch.

DUCATI MONSTER S2R 800 VON 2005

DATEN

Luftgekühlter Zweizylinder-Viertakt-V-Motor, 803 cm³, Einspritzung, Leistung 56,7 kW (77 PS) bei 8250/min, max. Drehmoment 73 Nm bei bei 6500/min, Gitterrohrrahmen aus Stahl, Upside-down-Gabel, Zen- tralfederbein, Reifen 120/70 ZR 17, 180/55 ZR 17, vollgetankt 191 kg, Tankinhalt 14 Liter, Topspeed 200 km/h, Preis (2005) 8795 Euro, Bauzeit 2005 bis 2007

Für Jäger und Sammler

Wer sich für die kleine S2R entscheidet, kauft jetzt genau richtig. Das Angebot kann sich sehen lassen: Die Bikes sind meist sehr wenig gelaufen (bis 25 000 km), haben maximal zwei Vorbesitzer und präsentieren sich im Regelfall top gepflegt und ohne Wartungsstau im unverbastelten Originalzustand. Schwarzer Lack ist oft zu sehen, wer auf Ducati-Rot und Rallyestreifen steht, muss suchen. Los geht es ab 3500 Euro.

Honda CB 1000 F (Baujahr 1993). Es war diese unfassbar schöne Mischung aus Klassik und Moderne, mit der die Big One auf sich aufmerksam machte: eine zeitlose Linie, die schlichte Eleganz und dann noch die Power des was- ser- gekühlten 1000ers mit seinen markanten, schillernd bunten Zündkabeln

BEZIEHUNGSKISTE

Tagebuch 20.7.2005: »Selbstverständlich hatte ich meine Zweifel. Die Ausstrahlung der Big One wirkte auf mich unwiderstehlich, die Flammen in meinem Herzen loderten lichterloh, aber der Verstand verstand es dennoch, sich mit einer dringlichen Frage ins Bewusstsein zu drängen: Wird dich diese übermächtige Maschine nicht herrichten wie ein Waldbrand den Uhu? Wer weiß, denn es klingt schon brutal: ein Liter, 98 PS, 263 Kilo – hmmm ...«

Über die Jahre hatte ich mich vom Moped bis zur Honda Sevenfifty hochgearbeitet und fühlte mich mit dem 70 PS starken Reihenvierer eigentlich ausreichend motorisiert, aber die Big One löste schwere Verliebtheit und unbremsbare Sehnsucht in mir aus. Natürlich war ich selber schuld. Wenn du einer Frau in die Augen schaust und spürst, wie tief dich der Blick im Innersten rührt, gibt es zwei Möglichkeiten: Entweder du drehst dich um und lässt deine Gedanken in einem glasklaren Bergsee fischen, oder du schaust weiter hin. Solcherart habe ich die Big One eindeutig zu lang angeschaut. Da war dann Flucht keine Option mehr. Unmöglich. Ich war verloren. Der mächtige Vierzylinder mit den bunten Kerzensteckern, der unfassbar schön geformte 22-Liter-Tank, der sich ausbreitete wie ein Flügelmantra, die beiden großen Uhren über dem runden Scheinwerfer und das charismatische Heck erhellten meine Seele wie die Sonne das Blau. Was für ein mächtiges Eisen! Ich hatte den Eindruck, dass ein japanischer Großmeister mit hundertfach gefalteter Klinge die Big One aus dem Vollen gehauen hätte. Ein Kunstwerk in schnörkelloser Schlichtheit, ein Monument, die Verdichtung der Welt in einer Maschine.

Wie gesagt, das Begehren war enorm, die Angst aber auch. Bis zur ersten Fahrt. Da war ich dann fast ein wenig enttäuscht, zumindest verwundert. Ich hatte ja befürchtet, dass ich mit den 100 PS schwer zu kämpfen hätte, dass die ungestüme Big One wie ein wilder Präriehengst alles daransetzen würde, mich abzuwerfen, dass sich Sevenfifty und CB 1000 wie Meerschweinderl und Tiger unterscheiden würden, aber es gab keine qualitative Steigerung, sondern nur eine quantitative. Also mehr, aber nicht anders. Keine Frage, die Big One war schon stärker, mächtiger und in gewissem Sinne gewaltbereiter als meine bisherige 750er, doch die 30 PS plus waren ganz locker fahrbar. Angst und Schrecken? Fehlanzeige.

Dennoch erlebte ich eine großartige Zeit mit der charismatischen Wumme. Mit Tankrucksack und Packtaschen aufgerüstet reisten meine Blume und ich rasend in die Abruzzen. Die großen Uhren brachten gerade so viel Windschutz, dass Kilometerfressen auf der Autobahn mit 200 km/h entspannt zu bewältigen war. So entspannt, dass auf dem Rücksitz geschlafen wurde. Anfangs konnte ich es nicht glauben, aber die tiefe, ruhige Atmung der Blume war unmissverständlich – und für mich ein willkommener Freibrief für eine lange Speed-Etappe. Das konnte die Big One sowieso besser als jedes andere Naked damals. Die Stabilität im Geradeauslauf war unerschütterlich. Lag wohl am langen Radstand und den 18-Zoll-Rädern. Kein Wackeln, keine Pendeltendenz. Volles Rohr. Stur geradeaus. Und trotzdem

Die Big One war ein Monument. Auch wenn man sie nicht von unten betrachtete.

war die massive Honda auf den Bergstraßen rund um den Gran Sasso durchaus leichtfüßig unterwegs. Natürlich war der Koloss nicht so flink wie eine scharfe Supermoto oder eine im Leichtbau konstruierte Sportmaschine im Allgemeinen, aber ein träger Koffer, den man quasi um die Ecken tragen musste, war sie definitiv auch nicht. Nein, die Big One machte auch auf den Bergstraßen eine wirklich gute Figur. Es war einfach herrlich! Nach den Kurvenorgien saßen wir in einem italienischen Bergdorf, tranken Kaffee, rauchten genüsslich, und vor uns stand diese derb brachial anmutende, faszinierende Maschine. Jetzt, da ich diese Zeilen schreibe, denke ich mir:»Warum hast du die denn wieder verkauft, du Narr, du!« Nun, ich könnte vorbringen, dass die 18-Zöller die Reifenwahl einschränkten, dass das Ansprechverhalten nicht vorbildlich ruckfrei, sondern eine Nuance ruppig war, dass ich mehr Leistung wollte, dass ich … Aber in Wirklichkeit war es so, dass ich die Yamaha XJR 1200 einen Augenblick zu lange angesehen habe.

Gelbe Kerzenstecker auf dem gewaltigen Vierzylinder.

HONDA CB 1000 F (BAUJAHR 1993)

DATEN

Vierzylinder-Viertakt-Reihenmotor, 998 cm^3, zwei obenliegende Nockenwellen, vier Ventile, Gleichdruckvergaser, Leistung 72 kW (98 PS) bei 8500/min, max. Drehmoment 87 Nm bei 6000/min, Doppelschleifen-Stahlrohrrahmen, Telegabel, Gewicht vollgetankt 263 kg, Tankinhalt 22 Liter, Preis 1993 17 820 Mark; Bauzeit 1993 bis 1995

Gebrauchtpreise 3500 bis 6500 Euro (Laufleistungen 20 000 bis 80 000 km)

Für Jäger und Sammler

Wer sich für die Honda CB 1000 F entscheidet, setzt auf klassische Power mit zuverlässiger Technik. Das Angebot auf dem Gebrauchtmarkt ist attraktiv: Viele Maschinen haben moderate Laufleistungen (meist unter 40.000 km), wurden nur von ein bis zwei Haltern bewegt und sind häufig im originalen, gut gepflegten Zustand zu finden. Bastelbuden sind eher die Ausnahme – stattdessen bekommt man solide Bikes mit regelmäßigem Service und ehrlicher Historie. Farblich dominiert meist klassisches Schwarz oder Silber, wer ein Exemplar in auffälligem Design sucht, muss ein bisschen Geduld mitbringen. Preislich geht's ab etwa 3000 Euro los – ein fairer Deal für ein sportlich-komfortables Naked Bike mit Charakter.

Mächtiger Bock! Aber mit den 18 Zöllern war leider die Reifenauswahl begrenzt.

Kawasaki Zephyr 1100 von 1992. Mit der Zephyr 1100 leben die glorreichen Zeiten wieder auf, Z1 lässt grüßen. Eine schöne Bank: der Feinripp-Four mit Rauch im Klang

MÜSSEN TRÄUME WAHR WERDEN?

Tagebucheintrag 30.1.1994: »Die 1100er-Zephyr ist zweifellos das charismatischste Eisen am Markt. Einfach ein Traum! Dass er nicht wahr werden wird, darf eigentlich nicht wahr sein.«

Es traf mich wie der Blitz, als Kawasaki Anfang der Neunziger die Zephyr 1100 an den Start rollte. Wow! Eine bildschöne Maschine mit mörder Charisma! Mir gefiel einfach alles an ihr: Tank, Sitzbank, Z900-Bürzel, 310er-Doppelscheiben, großer, luftgekühlter Reihenvierer und wunderschön geformte Gussfelgen. Und das alles mit einer harmonischen Gesamtlinie und perfekten Proportionen. Für mich war die 1100er-Zephyr einfach ein Traum, das begehrenswerteste Eisen unter der Sonne. Dabei sah ich sie nicht als moderne Wiederauflage von Z 900 oder Z 1000, sondern einfach nur als ein Motorrad, das alle anderen in den Schatten stellte. Wahnsinn, die große Zephyr, genau meins! Die letzten Worte, die ich vor dem Einschlafen murmelte, und die ersten am Morgen waren: »Zephyr 1100!«

Allerdings gab es ein Problem: die Kohle. Ich hatte einfach nicht genug davon. Und das Kassettenrekorder-Trauma war schon zu lange her. Als Elfjähriger hatte ich einen Sommer lang am Golfplatz als Caddy gearbeitet und 2000 Schilling verdient, die ich in einen Sharp investierte. Es musste gar nicht der ITT-Schaub-Lorenz mit der orangen Aufnahmetaste sein, den mein großer Bruder hatte, aber das Sharp-Modell um 3000 Schilling war einfach viel cooler als das günstigere. Ich hätte wohl noch weiter sparen sollen, doch ich tat es nicht. Der 2000er-Sharp war zwar Weltklasse, aber trotzdem hat der Gedanke an den 3000er dauernd in mir genagt. Damals schwor ich mir, diesen Fehler kein zweites Mal zu machen.

Dennoch sparte ich jetzt nicht weiter auf die Zephyr 1100, sondern schaute mich nach einer leistbaren Alternative um. Die Zephyr 750 war mir aber definitiv zu klein – außerdem fehlte es ihr an den ästhetischen Proportionen, und ihre Gussfelgen waren anders geformt. Also nein. Ich spürte, dass ich damit nicht glücklich werden würde. Vielleicht eine Honda CB Sevenfifty? Diese Maschine kam meiner Meinung nach deutlich näher an die 11er-Kawa ran, wirkte gleich groß, hatte eine stilsichere Linie – und ja, sie war deutlich günstiger als der Traum. Bingo! Die Sevenfifty war definitiv ein viel besserer Kauf als der 2000er-Sharp. Aber als ich dann ein Inserat von einer gebrauchten 1100er-Zephyr las, loderten wieder die Flammen aus der Glut. Und bevor ich innerlich verbrannte, stand ich schon beim Verkäufer im zehnten Wiener Gemeindebezirk – und war schockiert. Der gute Mann hatte die mörder Zephyr nämlich mit einem großen Airbrush am Tank entstellt. Die leicht bekleidete Kriegerin war sicher eine Wucht und konnte vieles richtig gut, aber am Tank der wunderbarsten Maschine der Welt war sie eine Niederlage. »Tut mir leid«, sagte ich aufrichtig, »die Wanda mit dem Schwert packe ich nicht, aber ich würde trotzdem extrem gerne eine Runde mit der Zephyr fahren.« – »Kein Problem, mich interessiert eh auch, wie sich die CB anfühlt. Fahren wir gemeinsam. Aber bitte nenn sie nicht Wanda. Da rastet sie aus. Frauen hassen es, wenn man ihre Namen verwechselt. Sie heißt Brenda.«

Der Klang der Kawa war rau, satt und gut, der Drehmomentschub im unteren und mittleren Bereich im Vergleich zur 750er-Honda beeindruckend mächtig, die Gasannahme weich und voll. Ein würdiges Triebwerk! Ab 6000/min

Wunderschöne Uhren mit mechanischem Kilometerzähler und gut sichtbarer Tankanzeige. Sehr edel!

legte der Reihenvierer dann noch eine Extraportion Punch nach, und ich hätte im Eifer des Gefechtes fast »Brav, Wanda, brav!« gesagt. Aber obwohl ich den Namen nicht verwechselte und Brenda wegen des Motors lobte, wurde die Maschine irgendwie bockig. Sosehr mir der Motor auch zusagte, die Performance in den Kurven war nicht makellos. Das war nicht superpräzise und exakt. Irgendwie hatte ich das Gefühl, dass etwas locker sein könnte.
»Da ist nichts locker«, stellte der Kawa-Halter beim anschließenden Plausch fest, »die Zephyr ist einfach Emotion pur. Da spürst etwas. Ich bin jetzt 20 000 km damit gefahren, und vom angeblichen Spiel in der Schwingenaufnahme habe ich null gemerkt. Mich hat noch nie einer in einer Kurve überholt.« Na gut. Ich war jedenfalls erleichtert. Denn auch ohne die wilde Brenda am Tank hätte ich meine Sevenfifty nicht gegen eine Zephyr 1100 getauscht. Keine Frage, die CB hatte weniger Punch und Charisma, aber sie fuhr einfach besser. Zumindest für mich. Mister Kawa verstand meinen Standpunkt, sah das trotzdem anders: »Schau, die Honda funktioniert super, ist aber fad. Auf der Kawa spürst du die wilde Seite der Welt. Mit oder ohne Brenda…

DATEN

KAWASAKI ZEPHYR 1100 VON 1992

Vierzylinder-Viertakt-Reihenmotor, 1061 cm³, Vergaser, Sekundär-Luftsystem, Leistung 68 kW (93 PS) bei 8300/min, max. Drehmoment 88 Nm bei 7000/min, Doppelschleifenrahmen aus Stahl, Telegabel, Zweiarmschwinge aus Aluminium mit zwei Federbeinen, Reifen 120/60 V 18, 160/70 V 17, Gewicht vollgetankt 266 kg, Tankinhalt 19 Liter, Topspeed 207 km/h, Preis (1992) 13950 Mark, Bauzeit 1992 bis 1998.

Für Jäger und Sammler

Rund 5600 große Zephyretten verließen in sieben Jahren die Showräume der Kawa-Dealer. Zum Vergleich: Die 750er-Schwester war mit über 11000 Exemplaren deutlich erfolgreicher. Das Angebot ist überschaubar, bietet aber Auswahl. Gut bewegte 11er mit knapp sechsstelliger Laufleistung beginnen bei 2000 Euro, Low Mileager im 0-Zustand kosten das Doppelte. Achtung, Standschäden! Auf besonders auffällige Mechanik- Geräusche (Steuerketten, Getriebeheulen) achten.

Münch-4 TTS 1200. Ein Auto fährt Motorrad: Das Werk lodernden Wahnsinns? Bis heute löst Friedel Münchs Mammut unfassbares Staunen aus

MAMMUT FOREVER

Tagebuch 20.8.1973: »Die 750er-Honda und die Z 900 sind brutale Maschinen, aber neben der Münch Mammut werden sie zu Goldhamstern.« Als das Mammut in meine junge Seele trampelte, veränderte sich die Welt. In dem Moment, in dem mir mein Bruder im MOTORRAD-Heft die 1200er-Münch zeigte, versank rundherum alles in die Tiefe der absoluten Bedeutungslosigkeit. Was für ein gewaltiges Eisen, was für eine Macht, was für eine unfassbar brutale Maschine!

Und selbst heute, knapp 50 Jahre später, darf ich festhalten: Die Münch Mammut ist das ärgste Eisen aller Zeiten. Natürlich hat es bis heute immer wieder Maschinen gegeben, die mich anhaltend beeindruckt haben: Honda CB 750, Kawasaki Z 900, Van Veen OCR 1000, Yamaha XS 1100, Suzuki Katana, Harley-Davidson Fat Boy, Honda Fireblade, Suzuki Hayabusa, Aprilia Tuono V4 1100 … Aber keine hat sich so tief in meiner Seele verwurzelt wie der Bock mit Automotor.

Mein damaliges technisches Verständnis war nicht viel größer als das meines geliebten Goldhamsters »Käpt'n Fetzenschädl«, aber im Unterschied zu ihm konnte ich bereits lesen und einige Eckdaten aufnehmen: 88 PS, 1177 cm³, über 200 km/h, 0–100 km/h in 4,9 Sekunden, 295 kg, 34-Liter-Tank, 13000 Mark. Wahnsinn! Die Kraft eines Rallye-Autos in einem Motorrad! Die Information über die zwei offenen 40er-Weber-Doppelvergaser brachte mir vergleichsweise wenig, und auch mit der speziellen Rahmen- und Schwingenlegierung konnte ich nichts anfangen. Die mächtigen 250er-Duplex-Trommelbremsen erzielten dagegen schon eine ordentliche Wirkung: 250er-Trommeln! Was muss das für ein mörderisches Viech sein, das solche Bremsen braucht!

Ausschlaggebend für den irren Kick, den mir die brachiale Kreatur des Herrn Friedel Münch verpasste, war sicher nicht die Ästethik. Schön war die Mammut keinesfalls. Im Vergleich zu einer CB 750 oder einer Z 900 wirkte sie wie ein unförmiger Klotz. In gewisser Weise war sie das Pendant von Frankensteins Monster in der Welt der Maschinen. Und das gewaltige Herz, das das Ungetüm antrieb, hat der ehrenwerte Herr Münch einfach aus dem urfeschen NSU 1200 TT gerissen und dann noch getunt.

Das fasziniert mich bis heute. Sicher, Boss Hoss begann dann in den 90ern, mörderische Skulpturen mit Chevy-V8-Motoren zu bauen, und auch die brachiale Dodge Tomahawk mit V10 Viper Motor ist mir nicht entgangen, aber genauso wie beim Wiederbelebungsversuch der Mammut mit dem 2,0-Liter-Cosworth-Motor hatte und habe ich bei all diesen Auto-Motorrad-Kreuzungen mentale Vorbehalte. Warum eigentlich? Na ja, die Boss Hoss ist irgendwie eine Persiflage für sich (den V8-Muskel zerstört man in den Alpen mit einer 390er-Duke), die Tomahawk ist nur ein aufsehenerregender Prototyp geblieben, der im Sinne des Gefechtes auf der Landstraße nie und nimmer etwas reißen hätte können, und die Mammut 2.0 war sowieso der Tiefpunkt.

Ohne große Einblicke in das Projekt gehabt zu haben, war für mich der Versuch der Wiederbelebung der münchschen Wahnsinnsmaschine im dritten

Das Nonplusultra im Sinne des Wahnsinns: Münchs brachiale Kreatur.

Jahrtausend wie ein Verrat an der Ur-Mammut. Man kann zeitgemäße Remakes von erfolgreichen Filmen machen, man darf Retro-Möbel bauen, auch gegen topmoderne Retro-Bikes habe ich keine Einwände, aber sich an einer Legende vergreifen?! Selbst, wenn die Mammut 2.0 mörderisch marschiert wäre (was sie nicht tat), hätte sie bei mir kein Leiberl gehabt, wie man so sagt.

Schon als Kind hatte ich einfach einen Sinn dafür, ob etwas aus tiefer Leidenschaft geschieht oder aus Berechnung und Kalkulation. Letzteres hat mich nie interessiert, Ersteres dafür umso mehr. Und die Münch-4 TTS 1200, die mir mein Bruder da zeigte, war ganz eindeutig ein Werk des lodernden Wahnsinns. Diese Maschine war der Gegenpol zu Benimmregeln und andächtigem Schweigen, sie war die Eisenwerdung der Sehnsucht nach grenzenloser Kraft, sie war der Vorschlaghammer, der die Vernunft in Ohnmacht fallen ließ, sie war die beweisartige Verdichtung des Glaubens, dass sich das wahre Leben jenseits der bürgerlichen Konventionen abspielt. »Pfoah, urarg!«, stieß ich hervor, und mein Bruder meinte: »Ob wir die einmal fahren werden?« Nein. Gefahren sind wir eine Mammut nie. Aber wenn mich heute einer fragt, welche Maschine mich denn in all den Jahren am tiefsten getroffen hätte, sage ich ohne zu zögern: die 1200er-Mammut mit dem Doppelscheinwerfer. Was für eine Strahlkraft, was für ein Meisterwerk!

DATEN

MÜNCH-4 TTS 1200

Luftgekühlter-Vierzylinder-Viertakt-Reihenmotor, 1177 cm³, 65 kW (88 PS) bei 6500/min, 98 Nm bei 4500/min, Doppelschleifenrahmen aus Stahl, Rahmenheck und Schwinge aus Magnesium-Aluminium- Legierung, Telegabel, zwei Federbeine, Duplex-Trommelbremse vorne und hinten, Ø 250 mm, Reifen 3.25-19 und 4.00-18, Gewicht vollgetankt 295 kg, Tankinhalt 34 Liter, 0–100 km/h 4,9 sek, Verbrauch 8,5 Liter. Preis 12745 Mark (1972)

Für Jäger und Sammler

Rund 500 Motorräder hat der ehemalige Horex-Konstrukteur Friedel Münch gebaut. Alle aufgrund spezieller Kundenwünsche ausnahmslos Unikate – die Sammler horten oder die in Museen stehen. Keinesfalls aber stehen sie auf profanen Verkaufsbörsen. Beste Anlaufstelle, um vielleicht doch zu einem »ureigenen Viech« zu kommen: Markus Pohl aus Saulburg (Bayern), der (wieder) Münch-Träume zum Leben erweckt. www.pohl-metallbildner.de

Suzuki B-King von 2008. Ein überirdischer Warp-Antritt dank dem potenten Spenderherz: Die B-King ist mit dem 1340er-Motor der Hayabusa bestückt

EISEN-MAMMUT

Tagebuch 2.5.2008: »Unfassbar, was sich an der Ampel abspielt, wenn das Eisenmammut Grün sieht! Na bumm, da bricht das Chaos aus! Irr, einfach irr!«

Die 200er-Walze wimmerte schrecklich auf der von Verzweiflung und Hoffnung geprägten Suche nach Grip und brannte unter raketenartiger Beschleunigung einen tiefschwarzen Strich in den Asphalt. Und ich wartete mit der Aufmerksamkeit eines Musterschülers in der Einserbank auf den Moment, in dem sich der Gummi mit der Straße so weit verzahnte, dass die gewaltig breite Front des Eisenmammuts in den Himmel stieg. Jawohl, es war so weit: In einer ruckfreien Bewegung bäumte sich das große, wilde Tier auf und hob mich in den ersten Stock. Von dort oben konnte ich dann ganz klar erkennen, dass die Fahrerin des Transporters neben mir einen ultrakurzen Mini anhatte. Weltklasse! Der Frühling war da!

Grün ist sowieso die Farbe der Hoffnung. Möglicherweise sogar der Zuversicht. Zumindest wenn man auf einer Suzuki B-King sitzt. Wie irr die Maschine an der Ampel abgeht, ist schon eine sehr große Freude. Und das alles bei Halbgas! Was passiert denn, wenn man die B-King an der Ampel mit voller Drehzahl abfeuert?

Nun, das mit dem Lossprinten mit Vollgas musste ich zum Glück nie austesten. Halbgas hat immer gereicht. Eh klar: 184 PS und knapp 150 Nm aus 1340 cm³ bei einem Gewicht von rund 260 kg. Mörderboost! Dass sich die B-King, die ich aufgrund ihres mächtigen Auftrittes als Eisenmammut bezeichnete, nicht ganz so gut verkaufte, wie sie aufgrund ihrer Performance eigentlich verdient hätte, lag meiner Meinung nach an der Optik. Bis zum Sattel (von vorne nach hinten betrachtet) war die mächtige Suzuki durchaus artgerecht gebaut, aber das Heck war eine harte Prüfung für gut sehende Augen. Die riesigen Auspufftöpfe, die fürchterlich prominent aus dem Heck ragten, wirkten, als wären sie entwendete Schalltrichter von der streng geheim gehaltenen Blasmusikkapelle des Raumschiffs Enterprise (Spock blies die Tuba, Kirk die Posaune, die urfesche Uhura das Flügelhorn …). Ob der mörderischen Tröten stellten sich viele Menschen auf der ganzen Welt die Frage: »Was für ein Zeug haben die japanischen Designer eingeworfen?« Egal. Es gab ja mehr oder weniger gleichzeitig mit dem Erscheinen der B-King bereits würdige Auspufflösungen von diversen Nachrüstern. Damit wurde das Eisenmammut zwar insgesamt nicht schlanker, aber das Heck verlor seine absurde Dominanz. Ich meine, wenn etwas einen göttlichen Reihenvierer aus Hamamatsu im Brückenrahmen trägt, dann muss es vorne doch wuchtiger sein als hinten. Man stelle sich einen Schwergewichts-Bodybuilder mit einem gewaltigen Brustkorb vor – mit einem noch größeren Allerwertesten. Oder einen Büffel, dessen unermesslich großer Popsch den Schädel übertrumpft.

Beim Fahren war das alles überhaupt kein Thema. Der unfassbar potente Motor schob die B-King in allen Situationen vollkommen souverän durch die Welt und war ein Freudenspender erster Güte. Ging man sparsam mit dem Gas um, rollte man erhaben und selig durch das Land, zog man am Hahn, erlebte man eine Kraft, die bis dahin in einem Naked Bike unvorstellbar war. Irr, wie das Eisenmammut abzog, wie es beschleunigte, wie es die Walze durchriss! Natürlich alles ohne Traktions- und Wheeliekontrolle. Man musste nie überlegen, auf welche Stufe man die elektronischen Hilfssysteme gestellt hatte, das Einzige, das man sich fragen musste, war: »Wie viel Gas darf ich geben, wenn ich im Sattel bleiben will?«

Fahrwerkseitig agierte die B-King trotz des erheblichen Gewichts sehr gut. Die Dämpfer waren belastbar genug, um eine sportliche Gangart ohne Irritationen locker wegzustecken, das Handling war überraschend flink. Wirklich ein toller Wurf, den Suzuki da an den Start geschoben hat. Bravo!

Die Sternstunde des Eisenmammuts erlebte mein Freund mit den großen Ohren. Er war mit der B-King gerade auf der Stadtautobahn unterwegs, als ein in der entgegenkommenden Richtung außer Kontrolle geratener Lkw die Mittelleitschiene durchbrach und eine Kollision bereits unvermeidbar schien. Das »Ohrenburli« riss geistesgegenwärtig das Gas auf und konnte so der schlitternden Bombe um Haaresbreite entkommen. Genau erinnere ich mich an den anschließenden Anruf: »Der mächtige Motor hat mich gerettet. Wäre ich auf einer 600er gesessen, könnte ich jetzt nicht mehr telefonieren.« Ich bin nicht stolz darauf, aber im Sinne der Wahrheit möchte ich meine Antwort nicht verschweigen: »Aber ist meine B-King noch ganz?«

Die B-King war eine absolute Wucht. Die Originaltröten im Heck aber auch. Urarges Design.

Arai

Die B-King ist wohl das mächtigste Naked Bike aller Zeiten. Wuchtig, bärenstark, keine Traktionskontrolle. Göttlich!

DATEN

Vierzylinder-Viertakt-Reihenmotor, 1340 cm^3, Einspritzung, Leistung 135 kW (184 PS) bei 9500/min, max. Drehmoment 146 Nm bei 7200/min, Brückenrahmen aus Aluminium, Upside-down-Gabel, Zentralfederbein mit Hebelsystem, Reifen 120/70 ZR 17, 200/50 ZR 17, Gewicht voll- getankt 259 kg, Tankinhalt 16,5 Liter, Topspeed 247 km/h, Preis 13 590 Euro, Bauzeit 2007 bis 2012

Für Jäger und Sammler

Rund 2200 B-Könige hat Suzuki in gut sechs Jahren in Deutschland absetzen können, zum Schluss kostete der aus der Hayabusa bekannte Big Four rund 14 500 Euro. Das markante Äußere hat auf jeden Fall seine Fans gefunden, denn zum einen werden die B-Kings nur sehr spärlich und zum anderen sehr teuer gehandelt. Die scheckheftgepflegte Erstserie im O-Zustand ist nicht unter 6000 Euro zu bekommen

SUZUKI B-KING VON 2008

Die Suzuki GSX 1200 von 1999. Kaum war sie da, war sie schon wieder verschwunden. Die klassisch gestylte Suzuki GSX 1200 gab es nur zwei kurze Jahre

BLITZ-ARTIG

Tagebuch 20.2.1999: »Gibt's ja nicht! Hier in Nordspanien ist es saukalt! Zum Glück heizt mir die 1200er-GSX mächtig ein. Sonst wär's echt zum Wimmern.«

Als ich Suzukis neuen Hammer außerhalb von Barcelona aus dem Transporter lud, bebte in mir mörderische Vorfreude auf die erste Fahrt mit der nackerten 1200er, aber es fror leider auch mächtig an Fingern und Ohren. »Fahr nach Spanien«, haben sie gesagt, »dort ist es auch im Winter angenehm warm. Da kann man richtig gut Motorradl fahren.« Soso, 2 °C und ein eisiger Nordwind. Standesgemäß mit Jeans und Lederjacke. Ich kam mir vor wie ein Halbschuhtourist in den Bergen. Egal. Schwächen in der Vorbereitung dürfen nicht überbewertet werden.

Dann zog ich den Choke und warf den gewaltigen Reihenvierzylinder an. Dass der Kaltstart eher unwirsch und keinesfalls vorbildlich war, schockierte mich nicht. Fast alle von Vergasern gespeisten Suzukis brauchten damals etwas Zeit, bis der Motor rundlief. Aber sobald eine gewisse Temperatur erreicht war, röhrte der Motor so herrlich heiser, dass mir das Herz aufging, wie man so sagt. Ja Himmel, der luft-/ölgekühlte Reihenvierer, der im großen Banditen seit Jahren für Furore sorgte und in seiner ursprünglichen Form schon die legendäre GSX-R 1100 befeuerte, fauchte bei jedem Gasstoß wie ein hungriges Raubtier. Weltklasse! Also legte ich den Einser ein, schloss das Visier und erkundete die Küstenstraße.

Dass Suzuki der klassisch geformten GSX ein paar Pferdestärken Spitzenleistung vorenthalten hat und das Triebwerk so abstimmte, dass unten und in der Mitte mehr Punch da war als im großen Banditen, freute mich per se jetzt nicht, aber beim Fahren war ich mehr als zufrieden. Die abartig irre Beschleunigung (knapp unter drei Sekunden von 0 auf 100 waren möglich!) und die extrem entspannte Sitzposition verlangten nach intelligentem Körper-Management, sofern man nicht im Modus des verzweifelten Passagiers am Lenker hängen wollte wie eine Fahne im Wind. Bravo, Suzuki! Die Optik der GSX mit den Stereofederbeinen, dem rundlich geformten Tank und dem 80er-Jahre- Pürzel war eindeutig retro, die Fahrerei aber am Puls der Zeit: Bremse, Handling, Stabilität und Motorperformance reichten vollkommen aus, um dem kontrollierten Wahnsinn zu frönen. Der einzige Schwachpunkt war die etwas zu weiche Gabel, die zwar im Modus der beschaulichen Welteroberung angenehmen Komfort lieferte, aber einfach eine Nuance zu früh an ihre Grenzen stieß, wenn man sich mit den Einheimischen einen harten Kampf lieferte. Meister der Fahrtechnik waren auch mit der weichen Gabel urschnell (rückblickendes Zitat eines erfolgreichen Rennfahrers im Ruhestand:

Der luft-/ölgekühlte 1200er Reihenvierer von Suzuki war ein richtig guter Motor. Außer beim Kaltstart. Eh klar.

»Mit einem straffen Fahrwerk kann jeder schnell sein! Ich stimmte immer weich ab«), ich aber ließ nach dem zweiten harschen Bremsmanöver und der deutlichen Ahnung, demnächst die Kontrolle über die Front endgültig zu verlieren, den ledernen José auf seiner R1 ziehen. Na ja, und den Carlos mit der 9er-Ninja auch. Hasta luego, was soll's.

Dass die GSX 1200 nur zwei Jahre lang produziert wurde (1999 und 2000), hatte aber mit an Sicherheit grenzender Wahrscheinlichkeit weniger damit zu tun, dass ein schlecht ausgerüsteter, halb erfrorener Journalist in Spanien von zwei Supersportlern trotz engagierter Gegenwehr harsch hergerichtet wurde, sondern mehr mit der 2001 erscheinenden GSX 1400 und der sehr erfolgreichen GSF 1200 Bandit. Die Marktlücke zwischen diesen Modellen dürfte einfach zu klein gewesen sein. Die GSX 750 (1998 bis 2003), die bis auf Motor und Kleinigkeiten identisch

DATEN

Luft-/ölgekühlter Vierzylinder-Viertakt-Reihenmotor, 1157 cm³, Gleichdruckvergaser, Leistung 72 kW (98 PS) bei 8500/min, max. Drehmoment 98 Nm bei 4500/min, Doppelschleifenrahmen aus Stahl, Telegabel, zwei Federbeine, Reifen 120/70 ZR 17, 170/60 ZR 17, Gewicht vollgetankt 233 kg, Tankinhalt 18 Liter, Topspeed 219 km/h, Preis 14 860 Mark (1999), Bauzeit 1999–2000

Für Jäger und Sammler

Eigentlich verbietet sich das Wort »Geheimtipp«, weil der Tipp damit die längste Zeit geheim war. Aber dennoch: Die seltene Inazuma ist ein Geheimtipp, weil sie kaum einer auf dem Schirm hat und die raren Angebote sehr günstig offeriert werden. Sprich: Ein robustes, standfestes Original gibt es mit Verhandlungsgeschick unter 2500 Euro, sprich für zwei Euro pro Kubikzentimeter. Ergo: schnell zuschlagen – wie der Blitz!

DIE SUZUKI GSX 1200 VON 1999

Die GSX 1200 war eine bildschöne und tadellose Retro-Maschine, die allerdings zwischen der großen Bandit und der GSX1400 zu sehr im Schatten stand.

war mit der GSX 1200 (Brembo, Showa-Federbeine), war zwischen 600er- und 1200er-Banditen besser positioniert.

Warum die Japaner der GSX den Namen »Inazuma« gaben (der in Deutschland wegen bereits vergebener Namensrechte nicht verwendet werden durfte), ist für mich nicht klar. Meiner Meinung nach ist das Erscheinungsbild der GSX im perfekten Retro-Look vieles, aber sicher kein Blitz. Heute könnte man sich in den Zeiten der allgegenwärtigen Verschwörungstheorien und Hirngespinste Folgendes dazu denken: Die Suzukianer haben sie »Inazuma« genannt, weil sie genau wussten, dass die GSX 1200 nur ein kurzes Aufblitzen sein wird, da sie bei Erscheinen der GSX 1400 blitzartig verschwinden wird. Auch die abstruse These, diese Suzuki wäre rasch in der Versenkung verschwunden, weil sie Schwächen gehabt hätte, wird Anhänger finden. De facto aber war die GSX 1200 als Retro-Muscle richtig gut. Und de facto ist es im Winter auch in Spanien kalt.

Triumph Speed Triple 955i. Pink Panther: Das »Nuclear Red« polarisiert, über die restlichen Speedy-Eigenschaften gibt's keine zwei Meinungen

NUKLEARES ROT

Tagebuch 2.2.2001: »Ich packe es einfach nicht! Triumph hat ganz normal die brutale Speed Triple wie den rosaroten Panther lackiert. Ich muss diese Maschine haben!«

Bonsels, Fletcher und Driehaus nickten freundlich, aber verstanden haben sie kein Wort. Aus meinem Mund kamen nämlich nur irgendwelche Laute, die in keiner Sprache dieser Welt einen Sinn ergeben hätten. Die rosarote Speed Triple hatte es mir auf den einsamen 3000 Kilometern von Wien nach Lissabon zur Präsentation der neuen Daytona 955i derart besorgt, dass mein Sprachzentrum einfach nicht mehr funktionierte. Mein Gehirn konstruierte einen Satz, aber Zunge, Lippen und Kiefer zeigten null Bereitschaft zur Kooperation. Uli Bonsels, der Transzendentalphilosoph, und Mark Fletcher, der damalige, legendäre Chef von Triumph Deutschland, zeigten trotz des Nichtverstehens Verständnis und führten mich zur Bar, der Marketingmann Martin Driehaus allerdings fand Gefallen an meinem Lallen und setzte nach: »Woher kommt eigentlich der Name Zonko? Ist das ein Tier aus der Sahelzone?« Ich antwortete prompt: »Ullansch meschguni krawallowitsch!« Klarer konnte ich es in dem Moment einfach nicht sagen.

Nun, die Fahrt mit Nuclear Red (so nannten die Briten das mörderisch flashende Pink) war trotz des Flyscreens sehr anstrengend gewesen (3000 Kilometer unter Termindruck auf einem Naked sind kein Lercherl, wie man so sagt). Aber ich war einfach unglaublich stolz auf das Rabauken-Eisen in scharfem Rosa – und überglücklich. Schon die erste Speed Triple, die 1994 auf den Markt gekommen ist, hat mich brutal fasziniert, aber so richtig erlegt hat mich erst die 955i. Und dazu noch die unfassbar spektakuläre, verwegene Farbe! Wahnsinn!

Das Geniale war, dass ich die Maschine nicht nur stundenlang anschauen konnte, sondern auch stundenlang fahren. Der 108 PS starke Dreizylinder fauchte mörderherrlich und unvergleichbar aus dem optisch etwas zu lang geratenen Rohr und gab in allen Drehzahlbereichen einen mörderfetten, Drehmoment-orientierten Punch ab, sodass das Wheelisieren eine wirklich leichte Übung war. Die pinke Speed Triple war sowieso schon ein Eyecatcher der allerfeinsten Sorte, und wenn man damit am Hinterrad einen Opel Astra schnupfte, war auf der Rückbank des Bürgerkäfigs echt was los. Die beiden aufgeregt gestikulierenden Buben mit den weit aufgerissenen, vor Freude strahlenden Augen waren ein klares Indiz dafür, dass der Traum vom Motorradfahren auch in der nächsten Generation

Die Speed Triple 955i mochte es gerne am Knie, fühlte sich aber auch in der Galerie äußerst wohl.

weiterleben würde. Für mich war die 955i-Triple ein Universalgenie. In der Stadt hob sie höflich nahezu an jeder Ampel das Vorderrad, auf der Hausstrecke genoss ich den Punch, den röhrenden Sound, das agile Handling und die entspannt sportliche Sitzposition, und auf der Rennstrecke fuhr ich einmal so lange voller Freude, bis der Grip erheblich nachließ. Dass ich im Flow den Hinterreifen tatsächlich bis zur teilweisen Sichtbarkeit der Karkasse abgefahren

DATEN

TRIUMPH SPEED TRIPLE 955I

Dreizylinder-Viertakt-Reihenmotor, 956 cm³, Einspritzung, Leistung 79 kW (108 PS) bei 9200/min, max. Drehmoment 97 Nm bei 5800/min, Brückenrahmen aus Alurohren, Telegabel, Zentralfederbein, Reifen 120/70 ZR 17, 190/50 ZR 17, voll- getankt 223 kg, Tankinhalt 18 Liter, Topspeed 234 km/h, Preis (2001) 20 520 Mark, Bauzeit 1997 bis 2001

Für Jäger und Sammler

Talsohle erreicht: Die Speedy- Zweitauflage hängt momentan im undankbaren Bereich zwischen Noch-Gebrauchtmaschine und Noch-nicht-Youngtimer. Das heißt im Umkehrschluss: gute Zeit für Schnäppchenjäger. Doch das Angebot ist nicht mehr üppig, also bitte beeilen. Ab 2000 Euro für Kilometerkönige, um drei Mille für Sahneschnitten.

hatte, brachte mir beim Reifenschuster ein großes Lob ein: »So stelle ich mir den richtigen Umgang mit den Ressourcen vor. Du bist ein würdiger Triumph-Fahrer!« Na, da hat es mir das Ego aufgeblasen wie einen Zeppelin.

Natürlich gab es schon auch Menschen, die mit der Farbe nicht zurechtkamen. »Pfoah, die Speed Triple ist eine unfassbar beeindruckende Maschine, aber das Rosa ist ein Verbrechen!«, habe ich nicht nur einmal gehört. Für mich persönlich war aber gerade das Pink das Tüpfelchen auf dem i, das dem brachialen, britischen Naked einen Extraboost gab. Ich fand sie sogar im Liegen umwerfend schön, auch wenn die begleitende Flucherei anderes hätte vermuten lassen können. Aber wer hadert denn nicht mit dem Schicksal, wenn man einer Anfängerin das lockere Fahren beibringen will, in den Rückspiegel schaut, um zu kontrollieren, ob hinten am Roller eh Entspannung herrscht, und dann, wenn man wieder den Blick nach vorne richtet, erkennen muss, dass die Kolonne steht und die Bremsleuchten des Bürgerkäfigs alarmierend hell und Unheil bringend nahe sind? Einen Millimeter vor der Stoßstange brachte ich Nuclear Red zum Stehen, aber ein seitliches Umkippen konnte ich nicht mehr verhindern. Normalerweise hätte ich wohl länger und lauter geflucht, aber da ich in der Mission »Motorradfahren ist ganz einfach« unterwegs war, richtete ich die Maschine blitzartig wieder auf, schaute der Hübschen am Roller in die unruhig gewordenen Augen und sagte mit meiner ganzen Überzeugungskraft: »So ein kleiner Purzelbaum ist urleiwand! Da fühlt man sich wieder wie ein Kind. Herrlich!«

Die Farbe war ein echter Knaller. Und die Einarmschwinge sowieso. Dank Flyscreen waren lange High-Speed-Etappen kein Problem.

Yamaha XJR 1200. Mit der luftgekühlten Vierzylinder-Maschine stellten sich die Allrounder aus Japan 1995 in die Tradition der großen Bikes aus dem Land der aufgehenden Sonne

DER GROSSE REIHENVIERER

Tagebuch-Eintrag 6.7.1997: »Ich öffnete forsch das Gas, und die XJR hob ohne weiteres Zutun einfach die Front. Göttlich!«

Der große, luftgekühlte Reihenvierer war in meiner Seele wie die Sonne im Blau. Seit Hondas CB750 und Kawasakis Z900, die beide meine Volkschulzeit in den 70er-Jahren im Sinne des Traums von einer glorreichen Zukunft prägten, war der japanische Vierzylinder mit mächtigem Hubraum das Nonplusultra für mich. Und als ich dann Anfang 1994 das erste Foto der XJR sah, traf es mich wie ein Blitz. Der kurze Text unter dem Bild der Göttin ließ keinen Zweifel daran, dass Yamaha diese gewaltige Maschine 1995 an den Start schieben würde. Wahnsinn! Die Beste, die Schönste, die Begehrenswerteste, der Traum aller Träume!

Dass es dann aber doch bis 1997 gedauert hat, bis ich dem Händler 123.000,- Schilling auf den Tresen legte und mit der XJR 1200 die Welt eroberte, lag nicht daran, dass ich im ersten Modelljahr nicht kaufen wollte, weil ich »Kinderkrankheiten« befürchtete (das war bei japanischen Motorrädern völlig auszuschließen), sondern weil ich erstens meiner Blume beibringen musste, dass meine CB 1000 Big One (»Ich werde sie immer behalten!«) doch nicht die Maschine des ewigen Glücks sei, und zweitens das Sparschwein erst fetter werden musste.

Unsterblich verliebt war ich eigentlich in die XJR 1200 SP in der gelb-weißen Kenny Roberts Speedblock Lackierung mit den Öhlins Federbeinen, aber die 20.000,- Schilling Differenz zur normalen XJR waren ein Brocken, den ich einfach nicht stemmen konnte. Und ein weiteres Jahr warten, war keine Option. Ich brauchte die XJR! Unbedingt! Jetzt!

Dass es dem Händler gelang, mir eine Farbe zu verkaufen, die ich a priori überhaupt nicht am Schirm hatte, wie man so sagt, und Jet-Kit und Remus-Auspuff gleich mit dazu, öffnete mir die Augen. Das meinten die Menschen also, wenn sie von einem guten Verkäufer sprachen. Seine Überzeugungskraft war gewaltig. Hätte Professor Plastik (wie er in der schnellen Szene hieß) nicht die feuerrote XJR auf Lager gehabt, sondern nur eine beige, wäre ich vermutlich mit der beigen von dannen gezogen.

Jedenfalls war es wie Weihnachten und Ostern zusammen, als ich die mächtige Yamaha dann zum ersten Mal abfeuerte. Das Wolfsröcheln aus dem Vier-in-Eins-Remus-Topf verdichtete sich mit steigender Drehzahl zu einem heiser röhrenden, sportlich aggressiven, vollen Sound, der äußerst mächtig und wohl auch laut war, aber keine hysterische Note hatte. Ja Himmel, der große, luftgekühlte Reihenvierer brüllte so erregend in die Welt, dass mir heute noch ein wohliger Schauer über den Rücken läuft, wenn ich daran denke.

Richtig gut erinnere ich mich auch an das erste Be-

Die XJR 1200 war bildschön und mit dem großen Motor extrem souverän

schleunigungswheelie. Meine Blume und ich waren unterwegs zum Tenniscamp in Kroatien, die XJR trug Packtaschen, aus denen die Griffe der Schläger ragten, und einen mächtigen Tankrucksack, der nicht nur Stauraum schaffte, sondern auch Windschutz, und die Welt war ganz schwer in Ordnung. Wir verließen nach einer kurzen Rauchpause die Raststation, und beim Einmünden in den Beschleunigungsstreifen donnerte gerade ein mächtiger LKW heran. Ihn vorbeizulassen, war selbstverständlich keine Option. Also drehte ich den Hahn nach unten und erwartete diesen vollen, göttlichen Druck aus dem großen Hubraum. Was ich allerdings nicht erwartete, war das Abheben der Front. Wahnsinn, wie herrlich! Als der brüllende Reihenvierer die 6.000 min Marke erreichte, verlor das Vorderrad in einer sanften Bewegung den Kontakt zum Asphalt und legte wie ein startender Flieger an Höhe zu. Und weil die Bewegung absolut ruckfrei und harmonisch von statten ging und die Maschine dabei extrem stabil wirkte, genoss ich mein erstes Wheelie in vollen Zügen. Bis mir die Schreierei aus dem Helm der Blume dann einfach zu laut wurde.

Entzaubert wurde die in meinen Augen allmächtige XJR einige Wochen später am Pannoniaring. Beim reinen Straßenfahren ist mir nie aufgefallen, dass die Maschine ein leicht diffuses Fahrwerk hatte, aber als ich sie auf der Rennstrecke voller Stolz

YAMAHA

abfeuerte, zeigten sich ihre Grenzen deutlich. Da traten eine gewisse Schwammigkeit und Trägheit zu Tage, und den nach einem ansatzlosen, heftigen Rutscher drohenden Highsider ausgangs der Hauskurve konnte ich nur mit mehr Glück als Verstand abwenden. Dann fuhr ich in die Box und akzeptierte einfach, dass ich mit der göttlichen 1200er einfach keine Chance hatte gegen den rennerfahrenen Bocki Brezn mit der 125er Cagiva Mito. Es tat meiner Liebe zur XJR keinen Abbruch, aber zum Rennfahren musste ich mir etwas anderes suchen.

Der luftgekühlte 1200er Reihenvierer war unfassbar elastisch und charismatisch zugleich.

DATEN

YAMAHA XJR 1200

Vierzylinder-Viertakt-Reihenmotor, 1188 cm^3, Vergaser, Leistung 72 kW (98 PS) bei 8000/min, max. Drehmoment 92 Nm bei 6250/min, Doppelschleifenrahmen aus Stahl, Telegabel, Stereofederbeine, Reifen 130/70 ZR 17, 170/60 ZR 17, vollgetankt 253 kg, Tankinhalt 21 Liter, Topspeed 217 km/h, Preis (1996) 16 950 Mark, Bauzeit 1994 bis 1998

Für Jäger und Sammler

Die Yamaha XJR 1200, Typbezeichnung 4PU, ist schwierig zu bekommen. Und wenn, dann meist in abgehangenem Zustand mit hoher Laufleistung. Es scheint, als wäre sie regelrecht verschlissen worden. Was jedoch nicht dramatisch ist, denn die ab 1999 angebotene XJR 1300 ist ebenso mächtig, ebenso schön und besser zu bekommen.

Die beste Technik, die man von der Stange kaufen konnte, gab es nur in Supersportlern. Heute haben auch Hypernakeds und High-End-Reiseenduros die ganz feine Ware verbaut, aber bis vor rund 20 Jahren war das nicht der Fall. Wollte man das Beste vom Besten aus technischer Sicht, musste man als Gebückter unterwegs sein. Hatte man sich an die supersportliche Sitzposition gewöhnt, waren die straßenzugelassenen Rennmaschinen auch für schnelle Touren wie z.B. vom Schönbrunner Tiergarten zu den ungezogenen Affen von Gibraltar sehr gut geeignet, aber je enger die Kurven auf der Landstraße wurden, desto weniger konnte man die überlegene Technik einsetzen, und man musste sich mitunter von gut motorisierten Naked Bikes und Reise-Enduros herrichten lassen. Im Winkelwerk waren sogar Einzylinder eine echte Gefahr. Letztendlich waren Supersportler als Alltagsmaschinen nie meine erste Wahl, aber ich habe sie immer als die besten und ehrenvollsten Motorräder gesehen.

GEBÜCKTE FRAKTION

Buell

Buell XB9R Firebolt von 2002. Sie war gekommen, um die Welt der Sportmotorräder auf den Kopf zu stellen. Letztendlich gelang ihr das nicht, aber für einen Kopfstand des Testers reichte es locker.

RADIKAL IRR

Tagebuch-Eintrag 3.3.2002: »Die neue Buell hat es mir besorgt. So eine Ganzkörperprellung ist aber immer noch besser als ein Gips.«

Die wenigen Sachverhalte, die vor der Präsentation der Buell XB9R Firebolt unter der Hand geflüstert wurden, waren vielversprechend: »Harley-Davidson hat Erik Buell bei der Neuentwicklung vollkommen freie Hand gelassen. 30 Kilo weniger, extrem kurzer Radstand und technische Innovationen ohne Ende. Das wird eine sehr radikale Sportmaschine!«

Ja, und im Frühjahr 2002 war es dann so weit: Auf dem GP-Kurs von Valencia hatte die extrem gespannte Journalisten-Meute Gelegenheit, der neuen Buell auf den Zahnriemen zu fühlen. Die Wahl des Ortes war an sich schon eine Sensation, denn bei allem Charisma und aller Originalität und möglicherweise auch Genialität der bisherigen Buell-Maschinen wusste man als Insider, dass man im Sinne der Haltbarkeit nur so lange Vollgas fährt, solange man den Atem anhalten kann.

Weitere Sensationen waren der extrem kurze Radstand von 1320 mm und der irr steile Lenkkopfwinkel von 69 Grad, der jeden Supersportler zu einem Dragster mit flacher Gabel degradierte. Aber damit nicht genug. Der auffällige, großflächige Alu-Rahmen war gleichzeitig der Tank, das Motoröl wurde in die Schwinge gefüllt, und der Auspuff, der irgendwie an ein Ofenrohr erinnerte, lag unterhalb des Motors und war das augenscheinliche Aushängeschild des zelebrierten Mottos: »Zentralisierung der Massen«. Einzigartig war auch die 375 mm große Felgenrandbremse mit Sechskolben-Sattel.

Dazu gab es ein vollverstellbares Fahrwerk und eine supersportliche Fußrastenposition, die der renntauglichen Schräglagenfreiheit keine Grenzen setzte. Allerdings gab es dazu auch einen stampfenden Harley-Motor mit mörderischer Schwungmasse und einem Fünfgang-Getriebe, das von blitzartigen Schaltvorgängen nicht viel hielt. Was für eine irre Kombination! Einerseits ein radikal knappes Chassis und andererseits ein wuchtiger, bärbeißiger Motor, der wie Pam-Pams Keule derb austeilte.

Im Nachhinein darf man festhalten, dass diese einzigartige Maschine zum Straßenfahren sehr gut geeignet war und ein vereinnahmendes Fahrerlebnis vermittelte, das es sonst so nicht gab. Die Rennstrecke aber war nicht ihr Revier. In den ersten fünf Runden in Valencia kam ich alles in allem gut zurecht, freute mich über die unfassbare Schräglagenfreiheit, die enorme Handlichkeit und die Leichtigkeit bei Linienkorrekturen, hatte allerdings in der Bremszone zur 180-Grad- Links im Infield mit erheblichem Chattering zu kämpfen. Ich hatte den Eindruck, dass der gesamte Bock von vorne bis hinten unwirsch stempelte und musste lange warten, ehe ich endlich umlegen konnte. Und dann machte ich den entscheidenden Fehler. Ich akzeptierte nämlich nicht die Grenzen der Maschine, sondern glaubte, dass die aufmerksam zuhörenden Buell-Mechaniker in der Box mit einer angepassten Einstellung des

Die am Felgenrand montierte 375 mm Bremsscheibe mit Sechskolben-Zange war ein spektakulärer Anker.

BUELL XB9R FIREBOLT

DATEN

Luftgekühlter Zweizylinder-V-Motor, 984 cm^3, Einspritzung, Leistung 62 kW (84 PS) bei 7400/min, max. Drehmoment 86 Nm bei 5600/min, Brückenrahmen aus Aluminium, Upside-down-Gabel, Einzelfederbein, Reifen 120/70 ZR 17, 180/55 ZR 17, vollgetankt 206 kg, Tankinhalt 14 Liter, Topspeed 209 km/h, Preis (2002) 11 733 Euro, Bauzeit 2002 bis 2003.

Für Jäger und Sammler

Böse Zungen würden die Buell XB9R Firebolt mit einer veganen Blutwurst vergleichen. Sieht nach Racer aus, ist aber keiner drin. Nur wenige werden sie suchen und die, die es tun, haben keine üppige Auswahl. Der US-Exot ist dafür aber, gemessen an seiner Individualität, geradezu günstig. Schon unter 5000 Euro geht es mit gepflegten Exemplaren los.

Der untenliegende Auspuff im Ofenrohr-Stil, der Rahmen als Tank, die Schwinge als Ölreservoir – viel Neues an der Buell.

Fahrwerks Abhilfe schaffen könnten. Der erfahrene Rennfahrer hätte sich einige Runden zurückgehalten und die neue Einstellung geprüft, ich aber gab einfach ab der zweiten Kurve voll Feuer. Erschwerend kam hinzu, dass mir in der Box zu Ohren gekommen war, dass ein amerikanischer Testfahrer sehr wohl mit den Rasten aufsetzte. Soso. Wenn der Ami das schafft, dann …

Wie viel die Einstellung des Fahrwerks gebracht hat, kann ich leider nicht sagen, denn bis zur erwähnten Chattering verursachenden Links kam ich nicht. Ich ging schon vorher in einer Rechtskurve spektakulär per Highsider ab. Die Firebolt war fetzenhin, wie man so sagt, ich aber kam mit einer Ganzkörperprellung davon, brauchte keinen Gips und konnte den Test mit einer neuen Maschine fortsetzen. Fahrwerkseinstellung ließ ich keine

mehr vornehmen und insgesamt fuhr ich einfach mit etwas weniger Engagement. Und so funktionierte die Firebolt richtig gut.

Wie sehr die XB9R auch für die Harley-Davidson-Mannschaft vor Ort (Buell war ja eine Marke unter dem Dach von HD) etwas komplett Neues war, konnte man daran sehen, wie verwundert sie waren, als ich schwer humpelnd vom Medical Center zurückkam und gleich wieder raus auf die Strecke wollte, obwohl sie mir beim Aufsteigen helfen mussten. Racing und Cruising sind eben einfach nicht dasselbe.

Letztendlich war die Firebolt eine spektakuläre Neuerscheinung, aber sie war kein Supersportler. Die Stärke des Konzeptes zeigte sich dann erst in der Lightning. Als sportliches Naked Bike war die revolutionäre Buell ein Hammer im wahrsten Sinne des Wortes.

Ducati 998 S Ben Bostrom. Die auffällige Superbike-Replica mit dem Testastretta ist eine der charismatischsten Ducs aller Zeiten.

UNERREICHT

Tagebuch-Eintrag 8.8.2002: »Der Inspektor hat es echt nicht gepackt, dass die Bostrom-Duc vollkommen serienmäßig ist.«

Der Flow! Ja Himmel, was für ein Flow! Wie der stolzeste Pfau auf Erden trieb ich die Bostrom-Duc durch die Voralpen und war dermaßen beseelt, dass ich den Kant'schen Grundsatz von Raum und Zeit genauso hinter mir ließ wie sehr viele ein- und mehrspurige Fahrzeuge, die mir im Weg waren. Letzteres war ich der schönsten Duc aller Zeiten einfach schuldig. Auf einer Bostrom muss man herbrennen und darf sich keinesfalls kielholen lassen. Dass mich dann dennoch fünf Gerichtete zurücküberholten, lag am Inspektor mit der roten Kelle: »Fahrzeug-Kontrolle. Die Papiere bitte. Und was ist das für ein unbarmherzig lauter Auspuff?! Den hört man ja drei Ortschaften weit!«

Er hatte nicht ganz unrecht. Der Sound aus den unterm Sitz liegenden Termignoni-Töpfen mit den mörderfetten Krümmer-Rohren war für Motorenfreaks wie mich ein Geschenk der Götter, für Leute, die gerne auf der Terrasse bei zarter Harfenmusik Mikado spielen, aber sicher eine nicht zu unterschätzende Prüfung der Konzentrationsfähigkeit. »Herr Inspektor, der Sound ist komplett serienmäßig. Da muss man nichts mehr machen. Das kommt genauso vom Band«, erklärte ich wahrheitsgemäß. »Erzählen Sie mir da keine Geschichten. Das hört ein Tauber, dass da der Teufel höchstpersönlich durch komplett leere Rohre brüllt«, grummelte er vor sich hin, ohne den Blick von den Zulassungspapieren zu heben.

Mein Gewissen war rein wie das Wasser eines Gebirgsbachs, aber die Ahnung, dass die Amtshandlung an Komplexität gewinnen und sehr mühsam werden könnte, ließ mich alle Register ziehen: »Herr Inspektor, dass ist eine streng limitierte Race-Replica zu Ehren von Ben Bostrom. Nur ein ganz schwerer Barbar würde daran etwas verändern und damit den Wert erheblich mindern. In Europa gibt es lediglich 155 Stück davon. Ich bin mörder verliebt in diese traumhaft schöne und sündhaft teure Rakete und würde sie niemals umbauen. Meiner Meinung nach ist das das Meisterstück von Ducati, das auch in Zukunft, wenn Motorräder dann vielleicht schon fliegen können, unerreicht bleiben wird. Das ist die höchste Stufe der Evolution!« Sein Gesichtsausdruck wurde etwas freundlicher, aber noch war die Sache nicht gegessen: »Und warum in Gottes Namen muss das so laut sein?«

Naja, erstens kostet Schalldämmung bei einem Viertakter im Gegensatz zum Zweitakter immer Leistung, und zweitens sind die Italiener seit jeher echte Weltklasse, wenn es darum geht, das Reglement bis ins Letzte auszureizen bzw. die harten Limits weich und charmant zu umgehen. »Die Japaner holen aus ihren Vierzylindern so viel Leistung«, führte ich

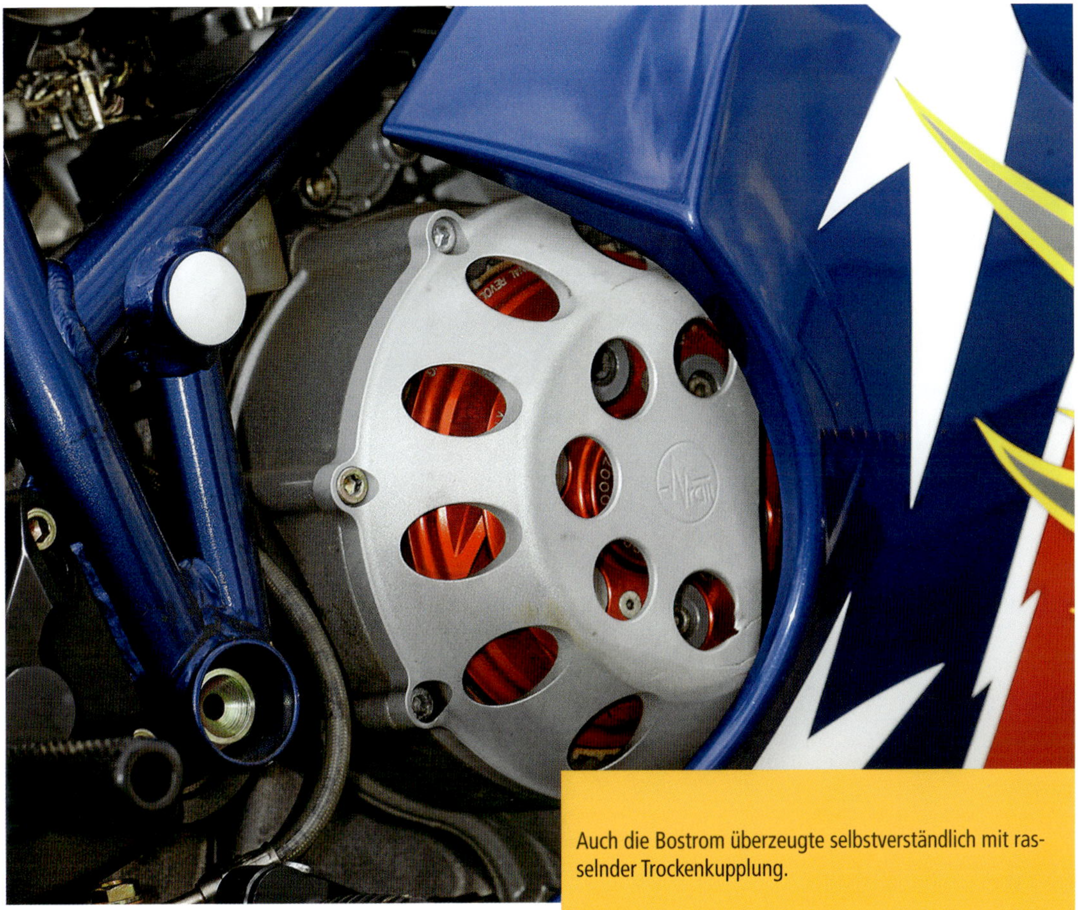

Auch die Bostrom überzeugte selbstverständlich mit rasselnder Trockenkupplung.

weiter aus, »dass Ducati mit dem L2 am Stammtisch sowieso keine Meter hat. Ohne den relativ freien Auspuff könnten sie sich sogar die nominell eh schon dürftigen 136 PS abschminken. Der Kenner weiß natürlich, dass ein Ducati-L2-PS im Sinne der Performance mindestens 1,2 PS eines Reihenvierers wert ist, doch beim sinnbildlichen Quartett-Spielen reißt man heutzutage mit einem Superbike unter 150 PS genau nichts. Aber abgesehen davon: Der Sound ist doch wirklich wunderschön! Keine Frage, im Ortsgebiet halte ich die Drehzahl weit unten, aber im freien Land malt der gierige Testastretta ein derartig schönes Klangbild, dass ich manchmal unterm Helm vor Rührung weinen muss.«

Irgendwie dürfte ich mit meiner mitreißenden Schwärmerei das weiche Herz des Ordnungshüters erreicht haben. Er gab mir die Papiere zurück und fragte: »Lassen wir einmal den exorbitanten Wirbel beiseite. Wie fährt sie sich?« Da sprudelte es dann aus mir heraus: »Die Sitzposition ist wirklich ungemütlich. Voller Druck auf den Handgelenken. Das Öhlins-Fahrwerk ist mörder straff. Man spürt jeden Kiesel, und wenn auf schnellen Etappen der Asphalt schlecht ist, büßt man seine Sünden ab. Da lockert es die Füllungen in den Zähnen. Ganz normal. Auf guten Straßen aber ist man weit in Führung. Das fährt millimetergenau und reißt mörderisch an. Der Testastretta ist sowieso ein Motor für die Ewigkeit. Egal,

DUCATI
DAINESE

was kommt, dieser Motor ist ein Kunstwerk. Drehfreudig, kultiviert, kaum Lastwechsel, wunderbare Gasannahme und bärenstark. Ja, und die Ölwanne hat unten eine kleine verkehrte Pyramide. Natürlich nicht zur Huldigung eines Pharaos, sondern um den Motor immer mit Schmierstoff zu versorgen, selbst wenn das Vorderrad dauernd in der Höhe sein sollte.«

Dann wünschte er mir eine gute Fahrt. Wir hatten beide keine Ahnung, dass das Wheelisieren in zwanzig Jahren streng verboten sein würde.

DATEN

DUCATI 998 S BEN BOSTROM

Zweiylinder-Viertakt-90-Grad-V-Motor, 998 cm^3, Einspritzung, Leistung 100 kW (136 PS) bei 10 000/min, max. Drehmoment 101 Nm bei 8000/min, Gitterrohrrahmen aus Stahl, Telegabel, Zentralfederbein, Reifen 120/70 ZR 17, 190/50 ZR 17, vollgetankt 215 kg, Tankinhalt 17 Liter, Topspeed 265 km/h, Preis (2002) 23 000 Euro, Bauzeit 2002, 155 Stück für Europa

Für Jäger und Sammler

Derzeit wird exakt ein Exemplar feilgeboten – 9000 Euro über dem Neupreis und 9000 Kilometer geritten! Die Verfügbarkeit von kleineren Versionen dagegen ist easy. Für bezahlbare Tarife gibt es detailgetreue 1:12-Modelle. Ist man solvent genug für das Originalgerät, bleibt nur eins: das Netz auswerfen und warten, bis »the real thing« auftaucht.

War der Polizist ein Kenner, hatte man auf der Bostrom einen echten Freibrief. Diese Maschine durfte nicht mit Strafmandaten entweiht werden.

Honda CBR 600 F (PC35) von 1999. Eine Drehzahlorgie, deren Kreischen aus der Ferne der Wirtin am Treff signalisierte: Bin gleich da, also richte doch schon einmal den Topfenstrudel an

MISSING LINK

Tagebuch 20.4.1999: »Keine Frage, 600er-Supersportler sind keine Muscle-Bikes, aber was die CBR heute zeigte, war schon mörderisch gut!«
Supersportler waren für mich nie einfach. Als Fan von Muscle-Bikes wie der Honda »Big One« und der Yamaha XJR 1200 konnte ich mich schon für eine Fireblade oder R1 begeistern, aber diese 600er, die nur mit hoher Drehzahl Leistung abgaben und auch sonst irgendwie mickrig waren, rissen mir einfach nichts raus, wie man so sagt. Das änderte sich allerdings, als ich 1999 Hondas neue Waffe mit dem Kürzel PC35 zum Testen ausfasste. Sie war zwar in meinen Augen alles andere als fesch, aber marschiert ist sie fest. Wow! Ich kauerte auf dem kleinen Kreisch-Eisen, das gierig bis 13 000/min drehte, und nahm wohlwollend zur Kenntnis, dass sich die Zahlen am digitalen Display immer noch bewegten, obwohl die 250er-Marke bereits überschritten war. 256, 257, 258, 259 – und dann sogar 260! Es ging noch weiter: 261, 262, 261, 262 ...okay, 263 km/h auf der Uhr waren das Ende der Fahnenstange, aber das war schon gewaltig! Was für ein Speed! Und das aus einer mickrigen 600er mit knapp über 100 PS. Sehr beeindruckend. Überhaupt keine Chance für Big One und XJR. Die PC35 hätte die beiden hochverehrten Muscle-Bikes zu Hydranten degradiert.
Fasziniert war ich aber nicht nur vom gewaltigen Speed, sondern auch von der zentimetergenauen Lenkpräzision und der sportlich straffen, in sich geschlossenen Konkretheit. Die kreischende Rakete, die echte 250 km/h lieferte, war kein Rätsel, das man erst nach fünftausend Kilometern verstand. Nein, im Gegenteil. Selbst ein Muscle-Bike-Freak wie ich setzte sich auf die CBR und bildete nach wenigen Minuten jene vielbeschriebene und kostbare Einheit, die es braucht, um schnell und gut zu fahren. Ein echter Treffer! Zielführend in diesem Zusammenhang war sicher auch die relativ angenehme Sitzposition. Zum sportlichen Straßenfahren einfach ein Traum! Nicht zu tiefe Lenkerstummel, nicht zu hoher Sitz, perfekter Abstand zwischen Sattel und oberer Gabelbrücke.
Dass in den Folgegenerationen der 600er die Sitzposition dann immer radikaler wurde, lag hauptsächlich daran, dass die Hersteller unter sehr großem Konkurrenzdruck standen und die Maschinen daher immer weiter in Richtung Rennsport entwickelten. Aus den 600ern wurden nach und nach echte Racer. Weniger Gewicht, mehr Leistung, schärfere Optik. Und ich muss auch ganz klar sagen, dass die PC35 im Vergleich zu den folgenden CBRs bei einem Schönheitswettbewerb nichts gewonnen hätte. Im Nachhinein könnte man festhalten, dass sie im Flügelimperium das Missing Link zwischen 600er-Tou-

Die PC35 markierte den Übergang vom Tourensportler zur Rennmaschine.

rensportler und Rennmaschine ist. Yamaha hatte diesen Entwicklungsschritt mit der bildschönen und deutlich in Richtung Racing weisenden R6 bereits gemacht.
Was alle 600er gemein hatten, war der fehlende Druck aus dem Keller. Wer wie ich gewohnt war, schon aus tiefen Drehzahlen den Vorschlaghammer des großen Hubraums zu spüren, der war beim Erstkontakt mit der PC35 (und jeder anderen Supersportlerin) schon einigermaßen erstaunt, wie brustschwach sich die Rakete bis 5000/min präsentierte. Allerdings war oben dann die Hölle los. Ab 7000 war der Motor hellwach, und ab 10 000 teilte er richtig aus. Und untermalt wurde diese Orgie der Drehzahl von faszinierend gierigem Kreischen, dass es dir die Nackenhaare aufstellte und der Wirtin im Berggasthaus signalisierte, dass du in einer Minute da sein wirst und sie also schon den Topfenstrudel anrichten kann. Göttlicher Sound! Rennfeeling! Euphorie!
So gesehen hat mir die PC35 das Tor zum Supersport aufgemacht. Und auch wenn ich mich noch gut an die erschreckend lieblos gestalteten, rohen Kunststoffabdeckungen zwischen Tank und Verkleidung erinnere und mir die Form der Ram-Air-Schnorchel unter dem etwas plumpen Scheinwerfer bis heute nicht gefällt, trage ich die Fahrt mit der orgiastisch brüllenden PC35 in meinem Herzen wie ein Juwel. Ja Himmel, was für ein Erlebnis des Speeds, was für eine Leichtigkeit im Vollstrecken, was für eine Offenbarung!

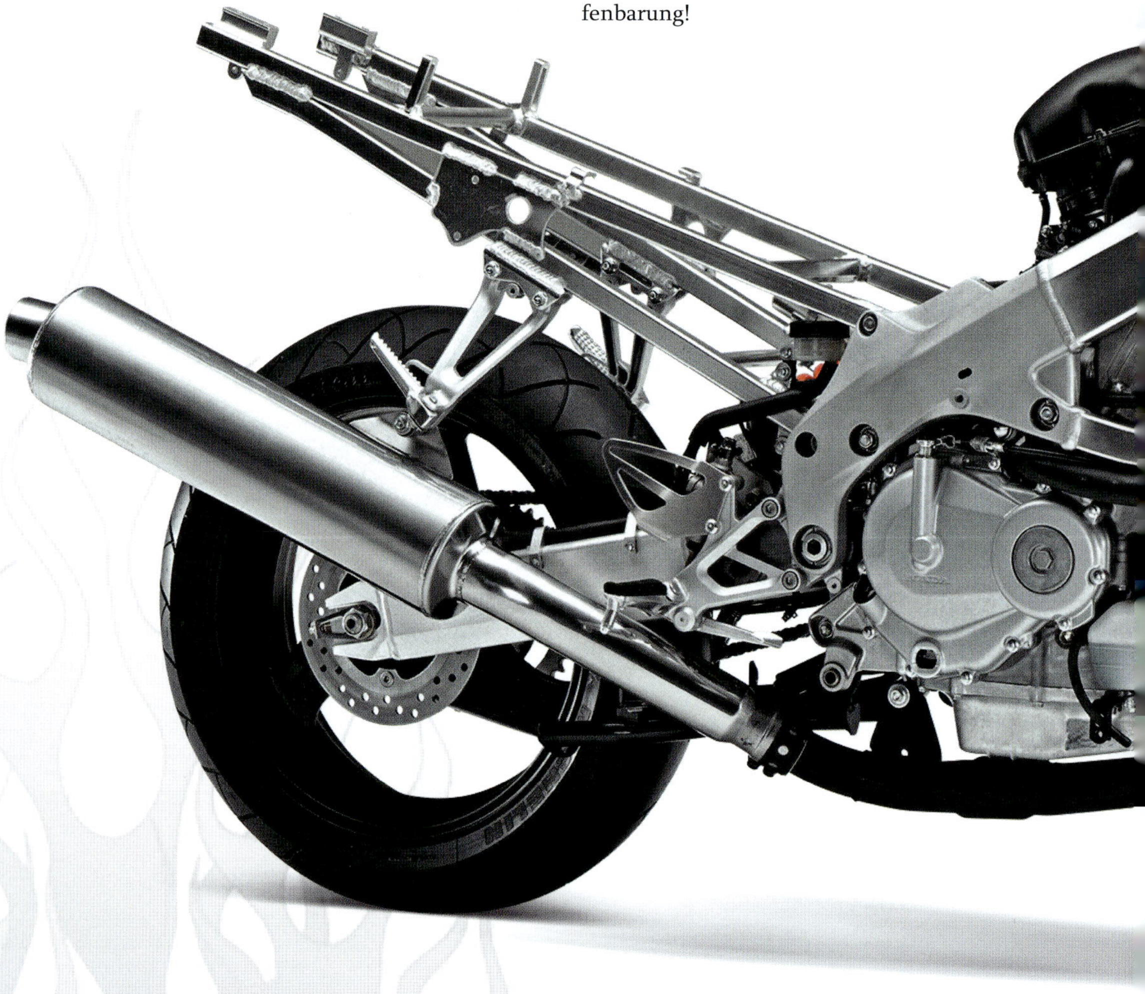

Überstrahlt wird das aber doch von meinem Trip mit der CBR 600 RR im »Movistar-Design« nach Schottland. Mag schon sein, dass die RR (als PC37) etwas unbequemer war als die PC35, aber erstens war die Ergonomie selbst beim Reisen, das in jener Zeit auch immer etwas mit Rasen zu tun hatte, überhaupt kein Problem, und zweitens war die Maschine so unfassbar schön, dass ich bei Rauchpausen meinen Blick einfach nicht von ihr wenden konnte, selbst als das Ungeheuer von Loch Ness auftauchte.

DATEN

HONDA CBR 600 F (PC35) VON 1999

Wassergekühlter Vierzylinder-Viertakt-Reihenmotor, 599 cm^3, Vergaser, Leistung 78 kW (106 PS) bei 12 500/min, max. Drehmoment 67 Nm bei 10 500/min, Brückenrahmen aus Alu, Telegabel, Zentralfederbein mit Hebelsystem, Reifen 120/70 ZR 17, 180/55 ZR 17, Gewicht vollgetankt 198 kg, Tankinhalt 18 Liter, Topspeed 260 km/h (Herstellerangabe), Preis 16 430 Mark (1999), Bauzeit von 1999 bis 2001

Für Jäger und Sammler

Eigentlich unfassbar, wie viel Motorrad-Drehzahl es für kleines Geld gibt. Tatsächlich ist die erste Generation der PC35 auf den bekannten Online-Gebrauchtbörsen gut vertreten. Und wird vielfach in sehr gutem Originalzustand (unverbastelt!) mit zum Teil lächerlichen Kilometerleistungen (unter 20 000!) angeboten. Seriöse Angebote beginnen bereits unter 2500 Euro.

Der zweijährige Modellzyklus von Supersportlern gewährleistete, dass die Maschinen immer am letzten Stand der Technik waren.

Kawasaki Ninja ZX-9R von 1998. So hat Supersport mal vor zwei Jahrzehnten ausgesehen. Zwar ohne »Elbow down«, aber verdammt schnell waren die Burschen auch damals schon …

GRÜNES GIFT

Tagebuch 14.9.1998: »Die 9er-Ninja ist ein arges Teil. Wissende treten andächtig und respektvoll zur Seite, Unwissende schrecken sich einfach nur vor dem urgiftigen Grün.«

Über 140 PS bei rund 200 Kilo fahrfertig war schon eine ordentliche Ansage im ausgehenden zweiten Jahrtausend. Und dazu noch von der Marke, die wir in der Volksschule immer nur hinter vorgehaltener Hand zu flüstern gewagt hatten: »Ka-wa-sa-ki!« Damals waren Kawasakis die urargen und urbösen Raketen gewesen, die quasi Himmel und Hölle auf Erden vereinten. Und seit Daytona 1969 (»Paint by Molly«) waren die Rennmaschinen häufig grün – aber nicht immer, siehe rechts. Die brandneue 9er-Ninja, die damals vor mir stand, aber schon. Auffällig war, dass die Ram-Air-Schläuche nicht wie bei einem Astronautenanzug außen verliefen, sondern nobel integriert unter dem Scheinwerfer verbaut waren. Somit fiel das noch verbliebene Metallgestänge zur Abstützung der Verkleidungskanzel stärker auf. Ansonsten gab es äußerlich nichts an der Maschine, das zu erhöhter Aufmerksamkeit geführt hätte – außer der Farbe. Ja Himmel, dieses urgiftige Grün führte dazu, dass am Supermarktparkplatz zwei Fellwürste die Contenance verloren und panisch zu kläffen anfingen. Und als ich den gewaltigen Motor anwarf, zogen die beiden im Fluchtreflex das hilflose, um Autorität ringende Frauchen hinter sich her: »Zieht doch nicht so, ihr unwürdigen Angsthasen! Das ist nur ein Motorrad, das tut gar nichts!«

Um weiteres Chaos zu vermeiden, legte ich den Einser ein und rollte mehr oder weniger mit Standgas auf die Straße. Allerdings musste ich noch – im Sinne der Pädagogik und des Bildungsauftrags – auf Höhe der Fellwürste, die noch immer wie deppert kläfften, zur Beruhigung einen kurzen Gasstoß ins Triebwerk schicken. Der Plan war zwar gut, aber er erzielte nicht die erwünschte Wirkung. Wäre das heute omnipräsente Wort damals schon en vogue gewesen, hätte man meine Maßnahme wohl als »nachhaltig« gewertet, zumindest als nachhallig.

Jedenfalls war ein Parkplatz sowieso nicht das bevorzugte Revier der 9er-Ninja, sondern die Straße. Selbst in der Stadt kam ich mit der Rakete sehr gut zurecht. Einerseits wegen der relativ kommoden Sitzposition (nicht zu hoher Sitz, nicht zu tiefer Lenker) und andererseits wegen dem drehmomentstarken, sehr angenehm am Gas hängenden Reihenvierer, der von vier Vergasern satt und voll befeuert wurde. Ich saß zwar auf einer für damalige Verhältnisse urscharfen Granate, aber verglichen mit heutigen Supersportlern war die Ninja wirklich bequem, unkompliziert, fehlerverzeihend und zugänglich. Wie ein Kumpel, der immer für einen da ist und der einem das Leben niemals schwer macht.

Heute noch bin ich der Überzeugung, dass man auf der Landstraße nicht mehr als 140 PS auf den Asphalt bringen kann, damals war diese Leistung ganz normal der Wahnsinn. Es war einfach vom Feinsten und auch vom Ärgsten, wie zornig sich die Ninja auf

Ein verwindungssteifer, japanischer Brückenrahmen aus Alu und ein scharfer 900er-Motor mit 143 PS zeichneten die 9er-Ninja aus.

Bergstraßen nach oben fraß und wie gnadenlos sie vollstreckte. Wow, was für eine Offenbarung! Der Klang des Reihenvierers, der auch in der Mitte schon gutes Schmalz hatte, war Ninja-typisch rau und aggressiv, der 300er-Doppelscheiben-Anker verzögerte heftig, das Fahrwerk war zwar lange nicht so sportorientiert wie das einer 916er-Ducati, aber es war für harte Angriffe durchaus straff genug und für schlechtere Fahrbahnabschnitte angenehm komfortabel. Die 9er-Ninja war eine echte Macht. Gewaltiges Eisen, sehr würdige Kawasaki!

Aber trotz der giftgrünen Kawasaki-Racing-Farbe war die Maschine fürs echte Rennfahren natürlich nicht bereit. Selbst wenn sie mal, wie hier zu sehen,

DATEN

Vierzylinder-Viertakt-Reihenmotor, 899 cm^3, Vergaser, Leistung 105 kW (143 PS) bei 11 000/min, max. Drehmoment 101 Nm bei 9000/min, Alu-Brückenrahmen, Motor mittragend, Telegabel, Zentralfederbein, Reifen 120/70 ZR 17, 180/55 ZR 17, vollgetankt 212 kg, Tankinhalt 19 Liter, Topspeed 274 km/h, Preis (1998) 20 870 Mark, Bauzeit (Typ C) 1998 bis 1999

Für Jäger und Sammler

Die Kunst ist nicht, eine zu finden, sondern die eine zu finden! Rund 11 600 Stück sind von den Typen C, D und E bis einschließlich 2001 verkauft worden. Der Großteil ist aber genremäßig und im wahrsten Sinn des Wortes »verschlissen« worden. Bastelbuden im zweifelhaften Zustand gibt es unter 1500 Euro. Für eine in Würde gealterte, aber toll gepflegte Neuner sollte man rund das Doppelte anlegen.

KAWASAKI NINJA ZX-9R VON1998

Die ZX-9R war ein gewaltiger Straßensportler. Selbst in blau war das grüne Gift eine echte Macht.

in distinguiertem Königsblau ausgeliefert wurde. Anders als heute waren die japanischen Serienraketen immer in erster Linie fürs Straßenfahren konzipiert. Was eigentlich auch logisch war, denn 98 Prozent der Ninjas, GSX-Rs, Fireblades und Thunder-Aces wurden ausschließlich auf öffentlichen Straßen bewegt. Man sah sehr viele davon auch in den Bergen. Aber zum Vorne-Mitfahren in ernst zu nehmenden Rennformaten musste ordentlich Hand angelegt werden. Wie stark die 9er-Ninja tatsächlich sein konnte und wie viel Potenzial in ihr steckte, zeigte Martin Bauer in der IDM, als er mit kleinem Budget, aber mörderviel Know-how und Akribie bei der Abstimmung mit der fast schon als »Tourensportler« verschrienen Kawasaki Laufsiege einfahren konnte – obwohl Yamaha dann schon die R1 am Start hatte.

In mir hat die 9er-Ninja von 1998 jedenfalls einen ganz mächtigen und tiefen Eindruck hinterlassen. Und manchmal weine ich ihr heute ein wenig nach.

Kawasaki ZX-12R Ninja aus dem Jahr 2000. Wer vorne groß reinschnorchelt, muss auch hinten dick rausblasen … Meine Damen und Herren, das war der fette Auspuff-Stil vor 20 Jahren. Wahnsinn, oder?

DIE WENDE

Tagebuch 4.4.2000: »Liege im Bett und lache noch immer vor mich hin. Kawasaki hat mörderisch gekontert! Echte 308 km/h, voll komfortabel. Wann werden die 200 mph fallen?«

Kurz vor der Jahrtausendwende wartete die ganze Welt auf die als verheerend angekündigten Auswirkungen des »Y2K-Bugs« (das Datum in vielen Computerprogrammen war zweistellig programmiert), aber für mich und viele andere Highspeed-Freaks war eine Frage dringlicher: Wird die neue Kawasaki ZX-12R die glorreiche Hayabusa einstampfen können oder nicht?

Von den Herbstmessen 1999 wussten wir bereits, dass die große Ninja einen 180 PS starken 1200er-Reihenvierer in einem mächtigen Backbone-Rahmen hatte und den unter der Verkleidung hinausragenden, brutal markanten Ram-Air-Schlund stolz zur Schau stellte. Wir wussten allerdings noch nicht, ob sie die 300-km/h-Marke genauso locker knacken würde wie die überaus mächtige 1300er-Suzuki.

Nun, die erste Fahrt mit der ZX-12R in den Süden im April 2000 wird mir ewig in Erinnerung bleiben. Sozusagen dem Frühling entgegen. Bei uns in Österreich war es noch nass und kalt, aber ab Mittelitalien war die Luft, die es zu schneiden galt, lau und warm. Außerdem konnte man damals noch davon ausgehen, dass man ab der Höhe von Ancona ohne Radarkontakt schnell reisen konnte und dass es echte Gegner geben würde: Ferraris, Lambos, und auch die Chance auf einen mörderisch motorisierten, dicken Benz war groß.

Im Nachhinein darf ich festhalten, dass sich die mächtige Ninja, die eine Offenbarung war, nur ein einziges Mal richtig anstrengen musste. Eine Offenbarung deshalb, weil sie verglichen mit der Hayabusa vom Handling näher an einem Supersportler dran war und vor allem weil sie bei hohen Geschwindigkeit einen besseren Windschutz bot. Man konnte sich bequem hinter die Glaskuppel ducken und wirklich schnell fahren, ohne dass die orkanartig wirbelnde Luft mörderisch am Helm oder an den Schultern gezerrt hätte. Komfortabel vollstrecken mit 300 km/h. Weltklasse! Knapp für die Kawa wurde es nur ein einziges Mal. Die italienischen Supercars hat sie alle harsch degradiert (da wollte keiner dagegenhalten), aber eine eher unauffällige Limousine hat sich lange und sehr ehrenvoll gewehrt. Es war ein schwarzer Jaguar XKR. »Was ist denn das für eine irre Schüssel! Schaut aus wie das Sonntags-Promenier-Fahrzeug von der Gräfin Mariza und geht wie die Sau!«, brüllte ich der Ninja in den Tank, die alles – nämlich wirklich alles – geben musste, um nicht abzureißen. Dass wir letztendlich dann doch siegreich weiter Richtung Süden cruisen konnten, lag am dichter werdenden Verkehrsaufkommen. Ein Motorrad braucht einfach weniger Platz.

Die GPS-Messung ergab echte 308 km/h Topspeed. Ein stolzer Wert, wie man so sagt. Dennoch »nur«

Echte 308 km/h lieferte die ZX-12R souverän ab und setzte damit der Hayabusa zu.

Hayabusa-Niveau. Noch weit entfernt vom großen Traum der 200 mph. Die Frage, welches Serienmotorrad als erstes diese magische Marke knacken werde, war ja damals keinesfalls absurd, sondern in gewissem Sinne ernsthaft und realistisch. Allerdings passierte dann etwas ganz Fürchterliches. Aufgrund der reißerischen Berichterstattung im Boulevard (Print und TV) bekamen die Japaner kalte Füße und legten sich eine freiwillige Selbstbeschränkung auf 299 km/h auf. Dadurch wollten sie den Sensationsschreiern und der Politik die Luft aus den Segeln nehmen. Möglicherweise war es ein notwendiger, richtiger Schritt mit Weitsicht, aber für mich persönlich war das damals nichts anderes als ein vorauseilender und unwürdiger Kniefall vor Menschen, die keine Ahnung vom Motorradfahren haben. Ich war fassungslos. Das große Ziel der 200 mph war zum Greifen nahe, und sie zogen einfach den Stecker, weil der Boulevard rotierte! Das war die Wende. Die Busas und 12er-Ninjas der nächsten Jahre

wurden alle bei 299 elektronisch abgeregelt, und die bereits laufende Entwicklung noch schnellerer Langstreckenraketen wurde gestoppt.
Natürlich kann man darüber streiten, ob eine Serienmaschine mit 332 km/h Topspeed viel Sinn machen würde, aber meiner Piratenseele tut es bis heute mörderweh, dass man vor den ahnungslosen, lauten Schreiern kapituliert hat. Mein Freund Bertl, der schnellste Koch der Welt, sagte damals zu mir: »Ja, Himmel, da hat man die technischen Fähigkeiten, so unfassbar gute Maschinen zu bauen – quasi ein Haubenmenü des Speeds zu erschaffen –, und dann lässt man sich von dilettantischen Spießern in die Suppe spucken.«
Na ja, und heute motzen sie über das Standgeräusch …

DATEN

KAWASAKI ZX-12R NINJA AUS DEM JAHR 2000

Vierzylinder-Viertakt-Reihenmotor, 1199 cm^3, Einspritzung, Leistung 131 kW (178 PS) bei 10 500/min, max. Drehmoment 134 Nm bei 7500/min, Monocoque-Rahmen aus Alublech, Motor mittragend, Upside-down- Gabel, Zentralfederbein, Reifen 120/70 ZR 17, 200/50 ZR 17, vollgetankt 250 kg, Tankinhalt 19 Liter, Topspeed 308 km/h, Preis (2000) 25 890 Mark, Bauzeit 2000 bis 2006

Für Jäger und Sammler
Die Speedbikes der Jahrtausendwende sind inzwischen zu echten Liebhaberstücken gereift. Eine frühe Ninja, Hayabusa oder auch Honda Super Blackbird gibt heute keiner mehr gerne ab. Bei der ZX-12R sollte man auf einen guten Zustand der Bremsen achten sowie Verkleidungshalter und Krümmer auf Risse kontrollieren. Das Tempo fordert Tribut! Für einen gepflegten Originalzustand müssen mindestens 5000 Euro angelegt werden.

Warum hat dieser Schlund des Grauens nicht gleich auch die freiwillige Selbstbeschränkung auf 299 km/h inhaliert?

Kawasaki ZZR 1400 von 2006. Liebe Leser, an dieser Stelle darf der Warnhinweis nicht fehlen: Diese der ZZR angemessene Haltung aber bitte nicht im öffentlichen Straßenverkehr nachahmen

DIE WEINBERG RAKETE

T*agebuch 4.5.2006: »Dass die ZZR 1400 ein Kracher ist, habe ich mir erwartet, aber dass es in Deutschland so schöne Gegenden gibt, überraschte mich.«*

Vollkommen klar war, dass die neue ZZR 1400 auf der Bahn keine Schwächen zeigen und mörderisch die Luft schneiden würde. Logisch. Nach der legendären und lang gedienten ZZ-R 1100, die dann auch als ZZ-R 1200 am Leben erhalten wurde, griff Kawasaki in der EntwicklungsabteilungindieVollenund brachteeinen mehr als würdigen Nachfolger. Man musste gar nicht das Datenblatt studieren, um Klarheit zu gewinnen, sondern man sah es der Maschine schon von außen an, dass sie eine superpotente ZZR am Puls der Zeit war. Die breite Front mit den aufgefächerten Scheinwerfern, die gestreckte und geduckte Form der Maschine, die charakterstarken Querstreben an der Seitenverkleidung – bis heute wirken diese Design-Aspekte als klare Merkmale. Was allerdings etwas in Vergessenheit geraten ist: Die ZZR 1400 war das erste serienmäßige Motorrad, das im Zuge seiner Modellentwicklung im Jahr 2012 die 200-PS-Marke knackte. 200 PS! Das war schon ein gewaltiges Statement, das war ein Meilenstein. Dennochkonntemanmitan Sicherheit grenzender Wahrscheinlichkeit davon ausgehen, dass die Maschine – obwohl es anfangs noch keine elektronischen Assistenzsysteme gab – perfekte Fahrbarkeit liefern würde.

Zwei Sachverhalte überraschten mich dann bei der Präsentation im Jahr 2006 allerdings sehr. Den einen, der nichts mit der Maschine zu tun hat und wahrscheinlich als kleiner Fehler im Bildungswesen in Tirol in den 1970er-Jahren gedeutet werden kann, darf ich später erörtern, der andere ist aber der springende Punkt dieser Zeitmaschinen-Betrachtung: Die ZZR 1400 fraß die Radien gierig am Knie. Es war so eine Freude! Ich saß auf einer mörderisch wuchtigen Kofferrakete, die die Strecke Hamburg–Gibraltar zum Tagesausflug degradierte, und wetzte im beschaulichen Hügelland um die Kurven wie auf einem Supersportler. Na ja, die Euphorie in der Erinnerung relativierend, möchte ich schon anmerken, dass die Sache mit dem Tagesausflug etwas Engagement und eine gewisse Ambition des Fahrers voraussetzte und dass die ZZR 1400 selbstverständlich gegen ZX-10R, Fireblade, GSX-R 1000, R1 und Co. im Reich der Radien nichts gewinnen konnte. Aber – und das war das Entscheidende und das Überraschende – die mächtige Kawasaki war alles andere als ein Opfer, auch wenn die Autobahn verlassen wurde. Das Einlenkverhalten war spielerisch, die Stabilität im Radius und beim Rausfeuern tadellos, und die Rückmeldung für dieHaftungderReifenwardeutlichgenug, um die mächtige Fuhre knieschleifend über das stark drehende Asphaltband zu treiben. Herrlich! Es ist halt einfach ein besonderes Vergnügen – vorausgesetzt, man trägt ein kleines Showman-Gen in sich – mit einem schweren Brocken rennmäßig unterwegs zu sein und Weight-Watcher-Sportmaschinen zu zeigen, wo der Bartl den Most holt, wie man so sagt. Bravo, ZZR 1400!

Dass die 190 PS starke Rakete superstabil bis in den abgeregelten Topspeed von 299 km/h schoss, war nach der ZX-12R zu erwarten, aber wer auf einer alten ZZ-R 1100 noch das unruhige Walken bei 280 km/h erlebt hatte, verneigte sich jetzt auf der 1400er ehrfürchtig und dankbar vor dem gewaltigen Fortschritt im Fahrwerksbau.

Apropos Verneigen: Die Sitzposition auf der ZZR 1400 verlangte keine Demuts-Haltung, sondern war durchaus komfortabel. Für größere Fahrer mit langen Beinen warvermutlichderKniewinkeletwas spitz, aber mir (178 cm) passte das alles wie angegossen: sportliche Rastenposition, nicht zu tiefer Lenker, leicht nach vorn geneigter Oberkörper, sehr guter Windschutz bis in die 300-km/h-Zone.

In meinen Auge ist Kawasaki mit der ZZR 1400 ein

Trotz ihrer Wucht war die 1400er Kawa ein gieriger Kurvenräuber mit spielerischem Einlenkverhalten.

Kawasaki

Die aufgefächerten Schweinwerfer in der breiten Verkleidung und das »Kiemenelement« unterm Tank waren markante Details der ZZR 1400.

schlicht großartiger Wurf gelungen, der das Beste aus den unterschiedlichen Straßenwelten verband: respekteinflößende Leistung, Highspeed-Bravour und Kurvengier. Herz, was willst du mehr?

Um noch auf den wahrscheinlichen Fehler im Bildungswesen zurückzukommen: Bei der Präsentation der ZZR 1400 waren wir in Deutschland unterwegs. In einer traumhaft schönen Gegend mit Weinbergen, einem breiten Fluss und besten Kurvenstraßen. Wo genau das war, kann ich leider nicht mehr sagen, da ich erstens in Geografie immer eine Niete war und ich mir zweitens sowieso keine Orte merke. Dass ich allerdings keine Ahnung hatte, dass es in Deutschland auch etwas anderes gibt als den Ruhrpott, muss man dem Lehrplan in den Tiroler Schulen in den frühen 1970er-Jahren ankreiden. Nicht aber mir!

DATEN

KAWASAKI ZZR 1400 VON 2006.

Wassergekühlter Vierzylinder-Viertakt-Reihenmotor, 1352 cm^3, Einspritzung, Leistung 140 kW (190 PS) bei 9500/min, max. Drehmoment 154 Nm bei 7500/min, Alu-Brückenrahmen, Upside-down-Gabel, Zentralfederbein, Reifen 120/70 ZR 17, 190/50 ZR 17, vollgetankt 260 kg, Tankinhalt 22 Liter, Topspeed 298 km/h, Preis (2006) 14 345 Euro, Bauzeit 2006 bis 2020

Für Jäger und Sammler

Wer den Gebrauchtmarkt mit der Devise»maximales Tempo für minimale Kohle« abscannt, wird an der ZZR 1400 nicht vorbeikommen. Besonders Mutige können bereits unter 4000 Euro aufsteigen, sitzen dann aber auf abgerockten Laufleistungsköniginnen der ersten Baujahre. Besser wird's ab 7000 Euro. Denn für den Tarif gibt es top gepflegte, zehnjährige Low-Mileage-Beamer.

Suzuki GSX-R1000 (K2) von 2002. Ein Supersportler, der noch genügend Alltagsgene in seiner DNA hat. Sehen Sie auch die Gepäckhaken unter dem Soziusplatz?

DER KILO GIXXER

Tagebuch 6.6.2002: »Wahnsinn, wie unfassbar mächtig der Kilogixxer marschiert! Er ist in meinen Augen nicht der schönste Supersportler, aber ganz sicher der beste. Gewaltig, wie deutlich Suzuki die Konkurrenz im Griff hat.«

Als Suzuki 2001 den ersten Kilogixxer an den Start schob, hatten die Honda CBR 900 RR Fireblade und die Kawasaki Ninja ZX-9R nichts mehr zu lachen. Ja, selbst die bis dahin führende Yamaha YZF-R1 wurde von der übermächtigen GSX-R 1000 ganz normal zermalmt. Suzuki füllte 160 PS in den Reihenvierer (und damit um mindestens zehn PS mehr als die anderen), würzte noch mit fantastischen 110 Nm nach und schraubte den Motor in ein Chassis, das sowohl beim Angriff auf der Straße als auch auf der Rennstrecke großartig funktionierte. Dass die Konkurrenz sich nicht ganz in Tränen auflöste, lag an der etwas klobigen Erscheinung des Kilogixxers. Für einen Supersportler war die Suzuki ein fester Prügel, der die Gedanken eher zu einem Vorschlaghammer als zu einem japanischen Schwert führte. Dennoch ist sie nahezu widerstandslos durch das Starterfeld gefahren wie das heiße Messer durch die Butter. Die Dominanz der 1000er war gewaltig.

2002 sattelte ich von einer 2001er-R1 auf den Kilogixxer (K2) um und erlebte meine schnellste und möglicherweise auch wildeste Saison. Wild deshalb, weil der drehmomentstarke Motor selbst bei einer Geschwindigkeit von 140 km/h die Front in Richtung Himmel steigen ließ. Einfach den Zweier einlegen, kurz auskuppeln, Vollgas geben und kompromisslos einkuppeln. Himmel, wie haben sich die aufgeregten Kinder im Autobus daneben über die kreischende Suzuki mit dem stolz erhobenen Vorderrad gefreut! Es war ein eigenwilliges Motor-Test-Verfahren, das alle Beteiligten glücklich machte. Um die Überlegenheit des Suzuki-Vierers auf den Punkt zu bringen: Fireblade, ZX-9R und R1 schafften die Galerieprüfung im Zweier nur bis 120 km/h. Und weil der Kilogixxer schon im mittleren Drehzahlbereich für einen Supersportler überraschend druckvoll war, konnte man auch an der Ampel ohne Aufwand wheelisieren. Herrlich! In diesem Zusammenhang nicht unerheblich ist natürlich, dass damals die meisten Ordnungshüter lockerer drauf waren als heutzutage und mehr Spielraum im Sinne des Humors hatten. So blieb die Freude in der Galerie fast immer ungetrübt. Übrigens: Gedanken, ob die elektronischen Hilfsysteme eh alle deaktiviert wären, musste ich mir keine machen. Die Maschine war, wie sie war. Stark, pur und unkompliziert. Beim Begriff »Traktionskontrolle« hätte ich damals höchstens an die Differenzialsperre bei einem Massey Ferguson gedacht.

Großartig gelungen ist Suzuki bei der K2 der Spagat zwischen Landstraße und Rennstrecke. Das viele Drehmoment und das auch für Mitteleuropäer ausreichende Platzangebot auf der Maschine machten die GSX-R 1000 zu einem Landstraßenräuber der Extraklasse, der sich vor nichts und niemandem fürchten musste (außer vor Radarwaffen), und gleichzeitig war sie auch auf der Rennstrecke eine Macht. Keine Frage, die Mehrleistung im Vergleich zur Konkurrenz war schon sehr hilfreich, aber mindestens so wichtig war das logische, sehr transparente Fahrverhalten, das in gewisser Weise gutmütig wirkte. Der Kilogixxer war keine nervöse Diva, die beim kleinsten Fehler in der Handhabung gleich einen Skandal veranstaltet hätte, sondern eher der Typ Kumpel, der dir keine Fettnäpfchen aufstellt und mögliche Schwächen in den Umgangsformen nicht übel nimmt. So war 2002 mein bestes Jahr auf der Rennstrecke. Der Kilogixxer und ich sammelten Pokale bei diversen Trackdays, ohne auch nur ein einziges Mal zu stürzen bzw. überhaupt in die Nähe

Wunderschöner, klar abzulesender Drehzahlmesser als Hauptinformationsquelle.

Großartig gelungen ist Suzuki bei der K2 der Spagat zwischen Landstraße und Rennstrecke.

eines Sturzes zu kommen. Trotz der für damalige Verhältnisse gewaltigen Leistung und den im Amateurbereich Stockerl-gerechten Rundenzeiten hatte ich auf der K2 immer das Gefühl, in der Komfortzone unterwegs zu sein. Ich musste nichts riskieren, um schnell zu sein, und ich musste mich auch nicht überwinden. Es funktionierte spielerisch. So gesehen ist es nicht verwunderlich, dass ich die Maschine mörderisch geliebt habe und noch immer liebe. Wenngleich sie optisch halt nicht die Schönste war. Wobei ich da im Nachhinein auch einen etwas anderen Blickwinkel habe: Das Vorschlaghammer-Charisma der K2 war in Wirklichkeit sehr stimmig. Die 2002er-GSX-R war keine feingliedrige Gazelle, sondern ein mächtiger Bär, der gewaltig hinhauen konnte und trotz seines behäbigen Auftritts überraschend flink und leichtfüßig war. Eine Tausender, die es allen besorgte. Einfach großartig.

DATEN

SUZUKI GSX-R1000 (K2) VON 2002

Vierzylinder-Viertakt-Reihenmotor, 988 cm^3, Einspritzung, Leistung 118 kW (160 PS) bei 10800/min, max. Drehmoment 110 Nm bei 8400/min, Brückenrahmen aus Alu, Telegabel, Zentralfederbein, Reifen 120/70 ZR 17, 190/50 ZR 17, vollgetankt 194 kg, Tankinhalt 18 Liter, Topspeed 287 km/h, Preis (2002) 12 510 Euro, Bauzeit 2001 bis 2002

Für Jäger und Sammler

Der erste Kilogixxer (interner Herstellercode WVBL) ist heute natürlich eine Rarität, wenn (und darauf sollte man viel Wert legen!) ein möglichst unverbastelter und auch unzerstürzter Originalzustand mit einwandfreier Historie und belegbarer Pflege (Scheckheft!) gesucht wird. Preise: Im Zustand »Drei minus« ab 2000 Euro, Liebhaber-Gixxer ab 3500 Euro.

Die erste GSX-R 1000 war in manchen Augen nicht der schönste Supersportler, aber zweifellos der mit Abstand beste.

SUZUKI
SUZUKI
GSX
ZUKI

Suzuki Hayabusa von 1999. Der Fahrer blickt bereits verzweifelt, aber wir wollen trotz aller Tempomacherei ihren vollen Namen nicht verschweigen: Suzuki GSX 1300 R Hayabusa

KAMPF DER VÖGEL

Tagebuch-Eintrag 5.4.1999: »Suzuki hat die Welt verändert. Ja Himmel, die Nadel stand ganz normal bei 347 km/h!

Phonetisch war »Blackbird« mörder. Aber ganz leicht war es nicht, eine plausible Erklärung zu finden, warum Honda die XX »Amsel« nannte. 1100 ccm, 160 PS und 296 km/h Topspeed waren jetzt nicht unbedingt Tugenden, die man Drosseln (zu dieser Vogelfamilie gehören die Amseln), zuordnen musste. Möglicherweise bezog man sich im Flügelimperium darauf, dass gewisse Amseln Zugvögel sind. Was weiß ich. Jedenfalls schob Suzuki 1999 einen anderen Vogel an den Start, der es der Amsel schwer besorgte: Hayabusa! Mit 1299 ccm, 175 PS und anfangs 312 km/h ließ der Wanderfalke keinen Zweifel aufkommen, wer ab sofort die Hoheit auf den Autobahnen dieser Welt innehatte. Als in der Ornithologie nur sehr mäßig kundiger Mensch erkannte ich den Zusammenhang mit der »Blackbird« nicht sofort, und wunderte mich, warum Suzuki der dicken, schweren und irgendwie plump wirkenden Kiste den Namen eines doch eher schlanken und eleganten Raubvogels verpasste. Nach Blitzstudium war die Sache aber vollkommen klar: Der Wanderfalke kann im Sturzflug über 320 km/h erreichen und ist somit das schnellste Tier des Planeten. Außerdem frisst er gerne auch kleinere Vögel wie zum Beispiel Amseln.

Letzteres durfte ich im heiligen Kreis von Nardo hautnah miterleben. Keine Frage, gut gefilmte Tierdokus im Fernsehen geben einen tollen Einblick in die Realität, aber wenn man live am Wanderfalken sitzt, der auf der Hochgeschwindigkeitsstrecke in Süditalien eine knapp unter 300 km/h schnelle Superamsel fürchterlich herbrennt, ist das irgendwie anders. Ja Himmel, ich duckte mich tief hinter die Verkleidung des mörderpotenten Viechs und durfte auf der großen analogen Uhr mit wohligem Entsetzen feststellen, dass die Nadel sich noch nicht ausrastete, obwohl sie bereits die Zahl 340 passiert hatte. Den nächsten Teilstrich, der 345 bedeutete, schaffte der gewaltige Reihenvierer auch noch, dann aber war das Ende der Fahnenstange erreicht. Kurz durfte ich 347 km/h auf der Uhr erleben und kippte in die Euphorie. 347! Mit einem Serienmotorrad!

Dass dann de facto »nur« echte 312 km/h übrig blieben, lag einerseits an der üblichen Tacho-Abweichung von Fahrzeugen und andererseits wohl auch am Schlupf des Hinterrades bei dieser exorbitanten Geschwindigkeit. Jedenfalls war die Hayabusa die erste Serienmaschine der Welt, die die 300-km/h-Mauer einriss. Die Superblackbird brachte es »lediglich« auf 296 km/h. Natürlich gab es Stimmen, die die Differenz zwischen 296 und 312 kleinredeten, aber jeder, der sich einigermaßen in der 300-km/h-Welt auskannte, wusste, wie viel ein Plus von 16 km/h in diesem Bereich tatsächlich bedeutete.

Für die Abteilung der Motorradfahrer war das Erscheinen der Hayabusa ein gewaltiges Fest. Optisch sagte der etwas korpulent wirkende Vogel nicht jedem zu, aber dass es jetzt eine Maschine gab, die es mit den stärksten Autos, die mindestens das Zehnfache kosteten, aufnehmen konnte, war eine Frohbotschaft für alle, deren Herz für Motorräder brannte. Und nachdem die Hayabusa die 312 km/h locker, konstant und dauerhaft ablieferte, durfte man auf einen weiteren Meilenstein hoffen. Das Knacken der 200-mph-Mauer (332 km/h) sollte in der nächsten Modellgeneration möglich sein.

Der Schulweg wurde einfach viel kürzer, wenn man 340 am Tacho ablesen konnte.

Im Sinne des technischen Fortschritts wäre dieses Ziel von den Suzuki-Ingenieuren durchaus zu realisieren gewesen, aber 2001 kam etwas, das meine Piratenseele zutiefst erschütterte: der Kniefall vor der öffentlichen Meinung und der Politik. Nachdem sich immer mehr moralisierende Sicherheitsapostel aufgeblasen hatten und die Boulevard-Medien dankbar auf den Zug der Empörung und der Entrüstung aufgesprungen waren (obwohl es keinen einzigen Highspeed-Crash mit einer Hayabusa gab), fürchteten sich die japanischen Hersteller vor gesetzlichen Restriktionen seitens der Politik und wählten die freiwillige Selbstbeschränkung auf 299 km/h. Damals war das für mich eine fürchterliche Niederlage und ein ehrloser Akt von vorauseilendem Gehorsam, aber wenn ich mir die Entwicklung der letzten Jahr-

zehnte anschaue, war es doch eher eine Entscheidung mit Weitsicht.

Mittlerweile erfreuen wir uns über Serienmotorräder mit mehr als 200 PS, und die aktuelle Hayabusa 3.0 ist zwar nicht die Schnellste aller Zeiten, aber definitiv die Beste. Und kein Mensch regt sich darüber auf. Dass aber nur mehr 280 am Tacho angeschrieben sind, ist eigentlich eine Gemeinheit den Kindern gegenüber. Der Schulweg wird einfach kürzer, wenn man 340 ablesen kann.

Der insgesamt etwas plump erscheinende Wanderfalke wehrte sich nicht gegen engagierte Schräglagen.

DATEN

SUZUKI HAYABUSA VON 1999

Vierzylinder-Viertakt-Reihenmotor, 1299 cm^3, Einspritzung, Leistung 129 kW (175 PS) bei 9800/min, max. Drehmoment 138 Nm bei 7000/min, Brückenrahmen aus Aluminium, Upside-down-Gabel, Zentralfederbein, Reifen 120/70 ZR 17, 190/50 ZR 17, vollgetankt 251 kg, Tankinhalt 21 Liter, Topspeed 295 km/h (freiwilliges Limit ab 2001), Preis (1999) 21 620 Mark, Bauzeit 1999 bis heute

Für Jäger und Sammler

Wer sich für die Erstserie (bis 2007, Typ WVA1) interessiert, sollte sie bei einer Probefahrt genauer inspizieren, ob rupfende Kupplung, Spiel im Antriebsstrang und pulsierende Bremshebel auf den häufigen Einsatz als Tiefflieger auf deutschen Autobahnen weisen. Auch Falken mit Wartungsstau sollte man nicht ins heimische Nest aufnehmen. Topgepflegte Youngtimer der Hayabusa gibt es bei Händlern mit Gewährleistung ab 6500 Euro.

axo
Hayabusa
SUZUKI

Triumph Sprint RS 955i von 2000. War das fehlende ABS ein Verkaufskiller? Trotz phänomenaler Performance und praktischer Details blieb die Nachfrage bei der RS sehr gering

DER ZITRONENFALTER

Tagebuch 20.8.2000: »Hmm. Dass sich die Sprint RS nicht wie deppert verkauft, verstehe ich nicht. Ist ABS schon so wichtig?«

Dass sich ein Redakteur mitunter gewaltig irrt, ist klar. Unfehlbar ist ja nur der Papst – und der auch nicht immer. Aber wie falsch ich bei der Sprint RS 955i gelegen bin, war schon sehr erstaunlich.

Also: Im Frühjahr 2000 rollten der legendäre Triumph-Deutschland-Manager Mark Fletcher und der rennorientierte Transzendentalphilosoph, nebenbei Pressesprecher, Uli Bonsels im spanischen Bergland die brandneue Sprint RS an den Start und ließen uns testen, was das Zeug hielt. Also volles Rohr. Der tiefblaue Himmel, die angenehme Temperatur, die abwechslungsreiche, kurvige Straße und nicht zuletzt der fesche Zitronenfalter mit dem großen, silbern glänzenden RS-Logo auf der rahmenfesten Halbverkleidung bescherten uns einen Tag vom Feinsten. Ja, Himmel, einfach wunderbar!

Als vollkommen irrer Speed-Triple-Fan erkannte ich zwar in der RS den vorsichtigen Versuch, etwas vom brachialen Hooligan-Image abzurücken, und wertete den Windschutz als Zugeständnis für Menschen, die nicht den Nacken eines Stieres und den unbeirrbaren Willen von Don Quijote hatten, aber selbst das Abrücken von der spektakulären Einarmschwinge zugunsten einer herkömmlichen nahm ich der RS nicht wirklich übel. Weil die Maschine in den spanischen Bergen eh zornig mit der Faust in den Asphalt schlug. Wow! Der Dreizylinder mit dem tischartigen Drehmoment, den ich aus der Speed Triple bestens kannte und liebte, befeuerte auch die RS in göttlicher Manier. Was für ein Landstraßenmotor! Keine Frage, oben war der Ofen aus, aber bis zum Begrenzer bei knapp unter 10 000/min entfachte der Dreizylinder einen unvergleichlich fetten Punch, der von heiserem Röhren und Brüllen perfekt untermalt wurde. Der Edelstahltopf war keine Augenweide, aber der Klang war alles andere als unwürdig. Und wenn der Dreizylinder gierig die Front in die Galerie hob, schaute sowieso kein Mensch auf das Ofenrohr.

Da nicht nur der Motor, sondern auch Bremse und Fahrwerk sehr gut waren und viel Vertrauen gaben, fuhr ich die Radien nahezu ausschließlich am Knie. Die frisch mit EU-Fördergeld gebaute, perfekte Straße war eben und gripreich und verlangte förmlich danach, sehr sportlich befahren zu werden, und hätte ich die Triumph mit der Halbverkleidung und den relativ tief angebrachten Lenkern nur durchs Land getragen, wäre das wie eine Verhöhnung der britischen Ingenieure gewesen. Die Sprint RS war eine Speed Triple mit mehr Windschutz und mehr Tourenqualität.

Mich erinnerte sie irgendwie an die VTR 1000 F Firestorm von Honda. Und generell hatte man in dieser Zeit den Eindruck, dass die Triumph-Strategen noch nicht genau wussten, wer sie waren und wo sie hinwollten. Honda war vermutlich so was wie ein Vorbild. Dieser Eindruck verstärkte sich dann noch, als die Briten den ersten Supersportler mit 600 Kubik brachten. Die TT 600 schaute aus wie eine alte 600er-CBR.

Jedenfalls begeisterte mich die RS. Und da ich wusste, dass die meisten Menschen nicht wie ich mit einer Speed Triple durch halb Europa rasen wollten, sondern beim Reisen und Touren gerne etwas mehr Windschutz hätten, rechnete ich fest damit, dass die RS ein Topseller werden würde. Damit lag ich aber, wie eingangs erwähnt, komplett falsch. Zwar schnitt die Triumph Sprint RS 955i bei harten Vergleichstests in den Medien sehr gut ab und war wie ein Shootingstar in aller Munde, wie man so sagt, aber der Verkauf lief ganz im Gegensatz zur sportlich potenten Fahrdynamik eher zäh, schleppend und träge. Wie gibt's denn das? Diese Frage habe ich mir damals eindringlich gestellt. Die Sprint RS war in meinen Augen fesch, sie fuhr richtig gut, trug den göttlichen Dreizylinder im Rahmen und hatte ein breiteres Einsatzspektrum als die Speed Triple. Hmm.

Irgendwann im Herbst, als ich nach einer glorreichen Bergwertung neben dem britischen Zitronenfalter saß und eine Selbstgedrehte vom Schwarzen Krauser rauchte, hatte ich die Erklärung gefunden: »Fesche RS, mit der Einarmschwinge von der Speedy hättest du es im Verkauf leichter gehabt, aber nimm es dir nicht zu Herzen. Deine Hinterhand funktioniert wirklich gut. Dir fehlt nur ein ABS. Ich verstehe es auch nicht, aber die Menschen gieren nach der unwürdigen Stotterbremse. In 15 Jahren wird das System wahrscheinlich sehr gut funktionieren, aber heute? Ich persönlich bin wirklich froh, dass du darauf gehustet hast.«

Wie aus dem Rennsport: Großer, einprägsamer Drehzahlmesser! Der Rest trat in den Hintergrund.

LAZER
www.triumph-deutschland.de
RS

DATEN

Wassergekühlter Dreizylinder-Viertakt-Reihenmotor, 956 cm^3, Einspritzung, Leistung 76 kW (103 PS) bei 9100/min, max. Drehmoment 95 Nm bei 5700/min, Brückenrahmen aus Alu, Telegabel, Zentralfederbein, Reifen 120/70 ZR 17, 180/55 ZR 17, vollgetankt 231 kg, Tankinhalt 21 Liter, Topspeed 244 km/h, Preis (2000) 19 460 Mark, Bauzeit 1999 bis 2004

Für Jäger und Sammler

Der Vorteil ist, dass die »Understatement-Triples« wie Sprint RS oder ST nicht den Sex-Appeal einer »Speedy« verströmen und dafür vergleichsweise günstig gehandelt werden. Zweiter Vorteil: Man muss an Sound und Performance kaum Abstriche in Kauf nehmen. Es bleibt aber der Nachteil: weniger Sex-Appeal! Gelbe Zitronenfalter im 0-Zustand gibt es (mit strammer Kilometer-Leistung jenseits der 50 000) ab 1600 Euro

TRIUMPH SPRINT RS 955I VON 2000

Die Sprint RS war eine großartige Straßenmaschine mit breitem Einsatzspektrum. Der Verzicht auf die Stotterbremse war für den Verkauf aber nicht hilfreich.

Yamaha YZF R1 von 2001. Mit umgänglicher Abstimmung taugte die zweite Generation der R1 auch als ultraschnelles Fernreisemobil – findet Professor Zonko, Vater der Zeitmaschine

JAPANISCHE GÖTTIN

Tagebuch 5.5.2001: »Bin unermesslich stolz! Die R1 ist so unfassbar schön und wahnsinnig gut! Und sie macht mir keine Angst.«

Als Yamaha 1998 die erste R1 an den Start rollte, veränderte sich die schnelle Welt gravierend. Fireblade, Ninja und Gixxer wurden gnadenlos degradiert, und selbst die bis dahin unumstrittene Ikone der Superbikes, die aus der 916er weiterentwickelte 996er-Ducati, musste deutliche Einbußen im Sinne der Strahlkraft hinnehmen. Alle sprachen nur noch von der bildschönen und gleichzeitig brutal starken Yamaha R1, die aus der Kiste heraus 150 PS servierte. Das Charisma der aufsehenerregenden Maschine und die Ehrfurcht vor ihr wurden noch stärker, nachdem die ersten Piloten spektakulär per Highsider abgestiegen waren. »Gibt's ja nicht. Ich öffnete am Kurvenausgang ganz normal das Gas, also überhaupt nicht extrem, und da schwemmte es plötzlich so viel Drehmoment auf die Walze, dass sich die Fuhre mörderisch quer stellte und mich in der Folge ohne einen Hauch von Gnade fürchterlich abwarf. Das Ergebnis siehst eh«, sagte der schwer eingegipste Zwölfer-Rudi, als ich ihn im Spital besuchte.

Das japanische Superbike war nicht nur dem Schein nach ein urscharfes Eisen, sondern reagierte auf respektlose Handbewegungen am Gas bzw. am Lenker ohne Nachsicht und Milde. Aus heutiger Sicht mögen 150 PS bei 202 kg vollgetankt nichts sein, das Angst und Schrecken verbreitet, aber erstens gab es damals überhaupt keine elektronischen Helfer, und zweitens hatte die R1 einen extrem kurzen Radstand von 1395 mm und kredenzte bereits bei 10 000/min die volle Leistung. So etwas Radikales gab es bis dahin nicht zu kaufen. Wie gewaltig die Kiste war, konnte manch einer halt erst akzeptieren, nachdem sich die R1 fürchterlich ins Kiesbett gegraben oder einen mörder Flurschaden angerichtet hatte.

Ich wartete auf die zweite Generation. Dann schlug ich zu. Yamaha behielt bei der RN04 die konkurrenzlose Optik im Wesentlichen bei, füllte nach wie vor 150 PS ein, reduzierte das Gewicht um zwei Kilo und legte beim Federbein ein Schäuferl nach, wie man so sagt. Das Entscheidende war, dass sie den Motor, der immer noch von vier Vergasern befüllt wurde, etwas umgänglicher abstimmten. Die Leistungsentfaltung war deutlich linearer und einschätzbarer als bei der RN01. Natürlich gab es Menschen, die darüber spotteten (»Yamaha hat die R1 weichgespült! Jetzt kann jeder Trottel damit fahren!«), ich persönlich fand es großartig. Mir war das Vertrauen, dass mich die – noch immer konkurrenzlos scharfe – japanische Göttin nicht von einem Moment zum anderen einfach an die Luft setzen würde, schon sehr wichtig. Je gewaltiger der Feuerstuhl ist, der dich durch die Welt schießt, desto wichtiger ist es, dass er feine Manieren und eine gewisse Contenance hat. Man muss einfach wissen, dass er nicht wie ein Quantensprung urplötzlich sein Verhalten drastisch verändert.

Mit der RN04 kam ich wunderbar zurecht. Ich feuerte sie auf Trackdays ab, fuhr viel Landstraße in den Alpen, holte Semmel und Katzenfutter und »verkleinerte« Europa. Aufgrund der spärlichen Überwachung damals waren die 1400 Kilometer von Cannes nach Wien in zehn Stunden locker möglich (für die Hinfahrt brauchte ich deutlich länger, weil es Hagel gab, mir der Sprit ausging … – das ist eine andere Geschichte). Und die 1200 Kilometer von Wien nach Paris konnte man sich entspannt nach einem guten Frühstück vornehmen. Am Abend stellte man sich dann schon Crêpe »Popeye« in die Figur.

Auf den ersten Blick war die R1 selbstverständlich keine Reisemaschine, aber in der Praxis war die scharfe Yamaha einfach perfekt für das engagierte Überwinden großer Distanzen. Ab einer gewissen

Die R1 der zweiten Generation war so bildschön und stark wie die erste, aber deutlich besser handhabbar.

Geschwindigkeit schwebte der Oberkörper auf einem Luftpolster, die Lenkpräzision war selbst bei hohen Geschwindigkeiten noch immer zentimetergenau, und die Bremse war für damalige Verhältnisse sensationell gut.

Aber ganz egal, wo ich die japanische Göttin einsetzte, es fuhr immer eine unermesslich große Portion Besitzerstolz mit. Die Optik war der absolute Hammer, der drehfreudige, laufruhige und in allen Drehzahlbereichen bärenstarke Motor ein Traum und das Fahrwerk eine erregende Mischung aus Agilität und Stabilität. Für mich war die RN04 auch beim harten Abfeuern auf der Rennstrecke richtig gut handhabbar, aber ich bin sicher, dass die heutigen Superbikes, die zwar viel mehr Leistung, aber auch viel mehr Elektronik haben, allesamt doch einfacher zu fahren sind. Ob das gut oder schlecht ist, darüber kann man lange streiten.

DATEN

YAMAHA YZF R1 VON 2001

Vierzylinder-Viertakt-Reihenmotor, 998 cm^3, Vergaser, Leistung 110 kW (150 PS) bei 10 000/min, max. Drehmoment 108 Nm bei 8500/min, Deltabox-Alu-Brückenrahmen, Upside-down-Gabel, Zentralfederbein, Reifen 120/70 ZR 17, 190/50 ZR 17, Gewicht 202 kg, Tankinhalt 18 Liter, Topspeed 269 km/h, Preis (2001) 24 500 Mark, Bauzeit (RN01) ab 1998

Für Jäger und Sammler

Einem technisch abgehalfterten Superbike das Gnadenbrot gewähren? Das kann zu einer Herausforderung werden, denn schnelle Modell-Updates (alle zwei Jahre) haben als Teilchenbeschleuniger auf dem Gebrauchtmarkt gewirkt. Etliche Bikes der ersten zwei Generationen sind durch viele Hände gewandert und haben – als Rennstreckenhure – leiden müssen. Aber es gibt auch Youngtimer-Liebhabermodelle: 0-Zustand, eins a gepflegt – ab 4000 Euro!

Der 150 PS starke Reihenvierer war ein beeindruckend potenter Motor, der in der zweiten Generation Benutzer-freundlicher abgestimmt wurde.

Die R1 war auf der Rennstrecke eine unangefochtene Macht. Bis die GSX-R 1000 kam.

Yamaha YZF 600 R Thundercat von 1996. Einst eine Ansage auf dem Rundkurs, dann aber böse degradiert

SIE KONNTE NICHTS DAFÜR

Tagebucheintrag 17.9.1996: »Morgen werde ich zum ersten Mal einen Supersportler fahren. Am Pannoniaring. Bin wirklich aufgeregt. Wird mich die Donnerkatze am Leben lassen?«

Als ich mich auf die Thundercat setzte und nach den beiden Lenkerhälften griff, hatte ich einen klaren Gedanken: »Na gut, das ist unfahrbar! Einmal harsch bremsen, und die ganze Fuhre überschlägt sich nach vorne wie Nadia Comaneci beim Abgang vom Schwebebalken!«

Erklärend muss ich einfügen, dass ich bis zu meinem Rendezvous mit der 600er Yam noch nie mit einem Supersportler gefahren war. Meine Welt waren die schweren Nakeds wie Honda Big One, Yamaha XJR 1200, aber auch die Chopperei. Und bei keiner dieser Maschinen saß man dermaßen nach vorne gebückt, dass man das Gefühl hatte, in einen Abgrund zu blicken.

Ausreden waren aber nicht hilfreich. Ich musste in zwei Stunden am Pannoniaring sein und startete den Motor. Wow! Der Reihenvierer zeigte eine beeindruckende Laufruhe, setzte die ersten kurzen Gasstöße äußerst drehfreudig um und wirkte unfassbar kultiviert und geschmeidig. Da hatte ich dann den nächsten klaren Gedanken: »Katze passt perfekt, aber Donner? Die müssen es sich bei der Namensgebung mit einer gewaltigen Sake-Orgie schwer besorgt haben. Anders kann ich mir das nicht erklären. Wenn man dieses wunderbar rund laufende, präzise und weich ansprechende, turbinenartige Triebwerk mit Donner assoziiert, denkt man wahrscheinlich beim Niesen eines Goldhamsters an einen Vulkanausbruch. Irr. Zu viel Alkohol ist einfach nicht gut.«Das Erstaunliche war, dass ich nach wenigen Kilometern mit der für mich ungewohnten Sitzposition locker zurechtkam und auch beim Ankerwurf keinerlei Probleme hatte. Im Gegenteil. Biss und Dosierbarkeit der Bremse waren richtig gut und das Gefühl am Vorderrad beim Einlenken für mich eine neue Dimension. Ich begann zu begreifen, warum für manche Menschen nur Supersportler infrage kamen. Fahrwerk, Lenkpräzision und Transparenz waren auf einem Niveau, das Nakeds und Chopper zu diffusen Eisenhaufen degradierte. Unglaublich.

Dennoch erlebte ich am Pannoniaring mein Waterloo. Keine Frage, ich war Debütant auf der Rennstrecke, aber erstens hatte ich bereits 200 000 Motorrad-Kilometer auf der Straße erfahren und zweitens war ich mit der Thundercat so schnell wie nie zuvor. 245 km/h hatte ich auf der Start/Ziel-Geraden am Tacho, ich bremste später und härter, als ich mich das jemals auf der Straße getraut hätte, ich legte um, bis die Fußrasten kratzten, und presste den 98 PS starken Motor im echten Vollgas aus. Wahnsinn, wie gut die 600er Yam funktionierte! Allerdings kam dann in der dritten Runde von hinten eine schnelle Partie. Der erste Slick-Freak nahm mich beim Anbremsen zur langen 180-Grad-Rechts innen dermaßen vehement, dass ich richtig erschrak. Er winkelte die Maschine auf der Bremse ab und fuhr eine Schräglage, die mich gespannt in Bereitschaft darauf warten ließ, dass die Fuhre die Haftung verlor und

Übersichtliches, schön aufgeräumtes Cockpit im analogen Stil der Zeit.

ins Kiesbett schlitterte. Was aber nicht passierte. Stattdessen überholte mich der Zweite im Scheitel außen! Gibt's ja nicht! Und quasi zum Drüberstreuen fraßen mich am Kurvenausgang drei weitere Irre. Ja Himmel, was war denn da los?!

Nun, im Nachhinein kann ich sagen, dass es nicht an der Thundercat lag. Sie konnte nichts dafür. Weder für ihren in die komplett falsche Richtung weisenden Namen, noch für die Durchreichung am Ring. Okay, mit vollem 19-Liter-Tank brachte sie 223 kg auf die Waage, und für einen Supersportler hatte sie eine etwas barocke Form. Aber die geschmeidige Gasannahme, die überraschend satte Leistungsentfaltung von 3000 bis 12000/min, das gut abgestimmte, voll einstellbare Fahrwerk, die Geometrie, die zu einem sehr gelungenen Verhältnis von Agilität und Stabilität führte, und die mächtige Bremse prädestinierten die Thundercat für die schnelle Fahrt. Ein echter Racer hätte sich locker wehren können. Ich aber nicht. Dafür hat mir die Yam in thrillreicher und zugleich auch fürsorglicher Art und Weise die Augen und das Herz für die Rennstrecke geöffnet. Danke!

Das größte Problem der Thundercat war, dass Supersportler ab Mitte der 1990er-Jahre immer stärker in Richtung Rennsport entwickelt wurden. Die Performance auf der Straße trat in den Hintergrund. Und als Yamaha dann 1999 die messerscharfe R6 an den Start rollte, geriet die Thundercat ins nicht ganz ernst genommene Sporttourer-Eck. Da musste ich dann am Stammtisch den grollenden Donner machen: »Zugegeben, sie ist nicht die Leichteste und hat nicht die tiefsten Stummel, aber im freien Land ist sie eine echte Macht. Die Thundercat ist ein supersportlicher Allrounder der Extraklasse. Und sind wir mal ehrlich: Wie oft sind wir schon am Ring?«

YAM
Aero Super Sport
DELTABOX
YAM

DATEN

Vierzylinder-Viertakt-Reihenmotor, 599 cm^3, Vergaser, Leistung 72 kW (98 PS) bei 11500/min, max. Dreh- moment 66 Nm bei 9500/min, Brückenrahmen aus Stahl, Telegabel, Zentralfederbein, Reifen 120/60 ZR 17, 160/60 ZR 17, vollgetankt 223 kg, Tankinhalt 19 Liter, Topspeed 234 km/h, Preis (1996) 15590 Mark, Bauzeit 1996 bis 2002

Für Jäger und Sammler

Die Gebrauchtpreise beginnen bei knapp unter 1000 Euro. Dafür gibt es stark strapaziertes Material, oft mit harten Kampfspuren, hohen Laufleistungen (bis 80 000 km) und zweifelhaften Tune-ups. Für top gepflegte Thundercats im Originalzustand, mit frischer Bereifung und ohne Wartungsstau müssen rund 2000 bis 2500 Euro kalkuliert werden.

In punkto Aggressivität hatte die Thundercat der nachfolgenden R6 nichts entgegenzusetzen. Aber das Thema „Allround" verstand sie richtig gut.

Auch wenn die Chopper von der Stange fast das Gegenteil von dem waren, was sie ursprünglich darstellten, hatte ich immer ein Faible dafür. Möglicherweise lag der Grund für die Ende des letzten Jahrtausends aufkommende, neue Gattungsbezeichnung »Cruiser« in der Erkenntnis, dass Chopper (von engl.: to chop) per Definition Maschinen waren, die von möglichst viel Unrat wie z.B. Kotflügel und Vorderbremse befreit wurden, aber die kaufbaren Geräte mit Easy-Rider-Sitzposition eher zu viele als zu wenige Teile mitschleppten. Mir persönlich hat das Fahren dieser Freiheitseisen immer viel gegeben, aber unter sportlichen Motorradfahrern standen die meist übergewichtigen und trägen Fuhren nicht hoch im Kurs. Solcherart darf man auch den legendären Sager von Butch in Pulp Fiction verstehen: »It's not a motorcycle, baby, it's a chopper!«

FREIHEITSEISEN

Harley-Davidson Sportster XL1200 R: 2004 kommt die Sportster-Reihe mit jeder Menge sinnvoller Upgrades, aber auch mit 30 Kilogramm mehr auf den (Kühl-)Rippen

TANZ AUF DEM VULKAN

Tagebuch-Eintrag 6.7.2004: »Die 6000 Kilometer zum Ätna und retour hat die Sportster souverän gemeistert. Eh klar!«

In den 1980er-Jahren und davor bin ich noch keine Harley gefahren. Erst Ende der 1990er saß ich zum ersten Mal auf einem amerikanischen Chrombomber – und wunderte mich sehr. Den quasi omnipräsenten Mythos »Bremst nicht, liegt nicht, setzt sofort auf, verliert schon beim Starten Schrauben, steht mehr in der Werkstatt, als sie fährt« konnte ich überhaupt nicht nachvollziehen. Verglichen mit anderen Choppern war die Doppelscheibenbremse des Road King wirklich gut, die Schräglagenfreiheit mehr als ausreichend, und die Qualität der Verarbeitung wirkte extrem hochwertig. Wie konnte die landläufige Meinung so weit von der Realität entfernt sein?

Nun, ich hätte zur Erklärung einfach den Standardsatz »Lauter Trottel auf dieser Welt!« aus der Lade ziehen können, aber ich wählte den steinigen Weg der Recherche und stieß rasch auf die AMF-Ära in den Achtzigern, in der die Qualität von Harley-Davidson-Maschinen nichts mit einem jungen, topfitten Adler zu tun hatte, sondern eher an eine kranke Kuh erinnerte. Aber obwohl die amerikanischen Freiheitseisen seit Anfang der 1990er im Sinne der Zuverlässigkeit signifikant zugelegt und fast schon japanischen Standard erreicht hatten, hielt sich die Mär von den auseinanderfallenden Eisenhaufen hartnäckig. Zum einen war dieses Nachtragen nicht verwunderlich, schließlich gab es immer noch Menschen, die den Franzosen das Verhalten im 30-jährigen Krieg vorwarfen, und Tiroler, die den Bayern ihre Rolle im Freiheitskampf nicht verzeihen konnten, zum anderen ärgerte mich diese gewaltige Verzerrung der Realität aber doch. Also stieg ich im Frühsommer 2004 auf die brandneue 1200er-Sportster in der R-Version und donnerte den gesamten italienischen Stiefel hinunter, setzte mit der Fähre nach Sizilien über, tanzte auf dem Vulkan in der schwarzen Asche und trieb die Harley den gesamten Stiefel wieder retour. Es waren 6000 Kilometer in vier Tagen. Und abgesehen von 30 Füllungen Sprit gab es genau gar nichts, das die Maschine brauchte. Sie funktionierte standfest wie ein Japaner, polterte aber wie ein typischer amerikanischer Langhuber und war auch fahrwerkseitig eindeutig eher zum abenteuerlichen, erlebnisorientierten Surfen als zum ultrapräzisen Vollstrecken gemacht. So gesehen war der Begriff »Sportster« etwas irreführend. Selbst gegen ein japanisches Naked Bike war die Harley im Sinne des Sports ein schwer unterlegener Schlapfen, wie man so sagt, und nur ein extremer Tierquäler hätte sie gegen eine Aprilia Tuono V2 oder eine Triumph Speed Four antreten lassen. Ich war ein großer Fan der Sportster, aber echten Sport konnte sie nicht. Und doch hat es gereicht, über den Apennin eine 600er-CBR und eine FZ 750 im harten Kampf niederzuringen. Keine Frage, die 267 Kilogramm schwere Harley (da durfte man sich von der schlanken Linie nicht täuschen lassen) wandt sich in den

Der 1200er Langhuber der Sportster war ein charismatischer Motor, aber Sport im europäischen Sinne war nicht seine Stärke.

Der Doppelscheiben-Anker der R brachte zwar Vorteile in der Bremszone, aber wer mit der Sportster flott sein wollte, durfte den Schwung nie ganz abstechen.

mit Bodenwellen gesegneten Kurven wie eine Forelle an der Luft, schürfte mit den Rasten am Asphalt wie ein Akkordhackler mit der Trennscheibe und brüllte ernst zu nehmend aus den untenliegenden kurzen Auspuffrohren, deren Blech in jeder Rechtskurve dünner wurde, aber es war nicht umsonst. Sowohl die CBR als auch die FZ wurden von der Sportster im Knockin'-on-heaven's-door-Modus

DATEN

HARLEY-DAVIDSON SPORTSTER XL1200 R

Luftgekühlter Zweizylinder-Viertakt-V-Motor, 1199 cm³, Vergaser, Leistung 49 kW (67 PS) bei 5900/min, max. Drehmoment 93 Nm bei 3300/min, Doppelschleifenrahmen aus Stahlrohr, Telegabel, zwei Federbeine, Reifen 100/90 H 19, 150/80 HB 16, vollgetankt 267 kg, Tankinhalt 12,9 Liter, Topspeed 190 km/h, Preis (2004) 10 960 Euro, Bauzeit 2004 bis 2008

Für Jäger und Sammler

In puncto Werterhalt können Gebrauchtkäufer bei der»Baby-Harley« auf Solidität setzen. Vorausgesetzt, die Substanz stimmt. Was heißt: Scheckheftpflege beim HD-Dealer, 0-Zustand. Da Sportster-Fahrer häufig»Erst-Harley-Besitzer« sind, wurden oft aber auch zweifelhafte (Eigen-)Umbauten vorgenommen. Hier gilt: Finger weg! Mindestanlagesumme: 9000 Euro plus X

eingestampft. Das war schon ein glorreicher Sieg, der die Welt verschönerte und die nächsten 200 Kilometer wie im Flug vergehen ließ.

Insgesamt darf ich hier festhalten, dass ich zu keinem Zeitpunkt an der Standfestigkeit der Harley gezweifelt habe (sonst hätte ich diese Reise nie angetreten) und dass ich 5000 Kilometer richtig genossen habe. Unter mir polterte dieses unvergleichliche Triebwerk mit dem langen Hub, die Sitzposition war aufrecht und locker, und irgendwie fuhr mir die Maschine wie ein Gesamtkunstwerk tief in die Seele. Was auf den restlichen 1000 Kilometern war? Na ja, da fehlte mir irgendwie die Lust am Fahren, und der Gedanke »Warum machst du das eigentlich?! Huste auf den Redaktionsschluss und verschanze dich in einem dieser unfassbar schönen Bergdörfer, du Depp! Spürst du denn nicht den Ruf der Freiheit?!« machte mich vorübergehend unrund.

Im Nachhinein betrachtet war der Speedtrip mit der Sportster auf den Ätna schlicht großartig. Das einzig Negative, das mir widerfuhr, war der Tankwart in Kärnten, der eine Electra Glide hatte und beim Anblick der Sportster meinte: »Jö, eine Baby-Harley!«

Harley-Davidson V-Rod von 2001. Die V-Rod legt eine Fahrdynamik an den Tag, die den Begriff »Sport« tatsächlich verdient. Aus Deutschland tatkräftig unterstützt von den Porsche-Experten

WIRKLICH PORSCHE?

Tagebuch 24.5.2002: »Ich weiß nicht, warum sie den Marketing-Gag mit Porsche notwendig haben. Die V-Rod ist doch sowieso ein großer Wurf!«

Revolution, Umsturz, Erschütterung! Als Harley-Davidson die V-Rod 2001 an den Start schob, bebte der Asphalt. Der wassergekühlte 60-Grad-V2-Motor mit zwei obenliegenden Nockenwellen schöpfte aus 1131 cm³ 117 PS. Das war definitiv anders als die gewohnten Harleys, die in dieser Zeit trotz gewaltigen Hubraums von 1450 cm³ lediglich etwas mehr als 60 PS servierten. Was war geschehen? Hatten Bill Harley und Arthur Davidson markerschütternd aus dem Grab gebrüllt, weil sie einfach nicht ertragen konnten, dass sich ihre Maschinen immer weiter vom Sport entfernt hatten? Keine Ahnung. Jedenfalls wollte ich den Marketing-Gag »Der Motor wurde von Porsche entwickelt« einfach nicht glauben. Zur Jahrtausendwende waren Porsche und Harley weiter voneinander entfernt als ein bayerischer Schweinsbraten-Vernichter von einem Lichtjünger in Hamburg. Ich konnte mir einfach keine Verbindung vorstellen.

Heute weiß ich, dass Porsche Engineering den Harley-Motor, der die Welt veränderte, tatsächlich entscheidend mitentwickelt hat. Der historisch bewanderte Leser mag mir die etwas hochtrabende Formulierung »der die Welt veränderte« verzeihen, aber es hat doch viele traditionelle Harleyaner mental ganz normal überschlagen, als die V-Rod kam. Und andererseits wurden Menschen aus dem Sportler-Lager neugierig, ob denn die neue Harley mit der Dragster-Performance eine würdige Alternative zum Gebückten-Dasein wäre.

Und Himmel ja, die Kiste zog ab wie eine Rakete. Man saß wie auf einem Feuerstuhl mit leicht vorverlegten Beinen und konnte das Geschoss an der Ampel unfassbar forsch rausschnellen lassen. Der lange Radstand, der tiefe Schwerpunkt und die flache Gabel reduzierten die Wheelie-Neigung gegen null und ermöglichten solcherart komplett entfesselte Ampelstarts. Wahnsinn, wie es sich da abspielte!

Als ich mich beim nächsten Rotlicht wieder einbremste, schloss ein 5er-BMW auf: »Alter, was ist das?! Das marschiert ja wie ein Katapult!« Meine Antwort war knapp: »Eine Harley.« Er ließ nicht locker: »Haha, guter Scherz. Aber im Ernst, was ist das für ein krankes Teil?« Keine Frage, die Performance der V-Rod war alles andere als Harley-like, aber das Erscheinungsbild war eindeutig von feinstem amerikanischen Design bestimmt. Scheibenräder wie beim Fat Boy, tiefer Sattel, perfekte, sehr homogene Linie, dicke Gabel und alles in Alu-Silber. Wirklich edel. Und dazu eine zentrale Armatur, die man eher in der samtgedeckten Auslage eines Schweizer Juweliers vermutet hätte als über der Gabelbrücke einer derb vollstreckenden Höllenmaschine.

Natürlich fehlte der V-Rod das Traktor-Charisma

der großen Freiheitseisen, dafür lieferte sie aber eine Fahrdynamik, die den Begriff »Sport« tatsächlich verdiente. Das lag selbstverständlich nicht nur am starken, drehfreudigen neuen Motor, sondern auch am Fahrwerk und den Bremsen. Diese Maschine war zweifelsfrei eine Harley, aber sie fuhr über ihre etwas ausladenden Artgenossen ganz normal drüber und konnte echten Sportlern wirklich zusetzen.

Dennoch hätte ich sie in den Alpen im Kampf mit einer 999er-Ducati fast versenkt. Der Typ auf der Duc war kein Weltmeister, aber auch alles andere als ein Nasenbohrer, und ich hatte durchaus Mühe, dranzubleiben. Beim Beschleunigen am Kurvenausgang war die V-Rod richtig gut. Auch im Radius hatte ich keine Schwierigkeiten. Solange man den kurveninneren Fuß am Ballen auf den Rasten stellte und die Ferse anhob, war die Schräglagenfreiheit der V-Rod vollkommen ausreichend. Und selbst in der Bremszone gab es guten Biss und viel Stabilität. Normalerweise. Aber just als der Ducatista schon einen kurzen Hals und hochgezogene Schultern bekam, weil die V-Rod trotz Anstrengungen seinerseits hartnäckig formatfüllend im Rückspiegel blieb und zwei-, dreimal sogar zum Überholen ansetzte, musste ich das Projekt »Wir richten eine 999er mit einer Harley fürchterlich her« ad acta legen. Denn in einer sehr welligen Bremszone konnte die urflache Gabel das Vorderrad nicht mehr konsequent am Asphalt halten und führte solcherart zu einer springenden Front. Und obwohl die Maschine damals noch kein ABS hatte, fühlte es sich genauso an, als ob eine unwürdige Stotterbremse agierte. Eh klar. Bei Bodenkontakt gab es Reibung und Biss, in der Luft nicht. Na bumm, es war knapp! Da gab ich dann auf. Die V-Rod im Wald wild zu entsorgen, wäre Barbarei gewesen.

Die Armaturen der V-Rod wirken edel wie die feine Ware eines Schweizer Juweliers.

HARLEY-DAVIDSON V-ROD VON 2001

DATEN

Zweizylinder-60-Grad-V-Motor, 1131 cm^3, Einspritzung, Leistung 86 kW (117 PS) bei 8300/min, max. Drehmoment 117 Nm bei 6600/min, Doppelschleifenrahmen aus Stahl, Telegabel, zwei Federbeine, Reifen 120/70-19, 180/55-18, vollgetankt 285 kg, Tankinhalt 15 Liter, Topspeed 221 km/h, Preis 39 250 Mark (2001), Bauzeit von 2001 bis 2010

Für Jäger und Sammler

Offerten mit abschreckenden Merkmalen wie »beschädigt« oder zweifelhaft umgebaut – natürlich wäre eine Ur-V-Rod deutlich unter 10 000 Euro zu bekommen. So was ist dann aber alles andere als ein Liebhaberobjekt, und man müsste immer noch mächtig Marie auf den Tisch blättern. Also kauft man mit Verstand: topgepflegter Originalzustand ohne Wartungsstau. Das darf dann auch fünfstellig werden – denn der Werterhalt spricht für diese Investition

Motor-Performance und Linienführung wirkten in der Harley-Welt zunächst wie ein Fremdkörper. Aber die V-Rod setzte sich durch. Großer Wurf!.

Harley-Davidson Fat Boy Twin Cam 88 B. Ein Fahrzeug für Superhelden. Oder solche, die es werden wollen. Oder für abgehalfterte, die nur noch Motorrad fahren wollen

LAVA-LOVER

Tagebuch 5.4.2001: »Als ich heute mit dem gelben Fat Boy durch die gewaltigen, tiefschwarzen Lavafelder donnerte, fing mein Herz Feuer. Ja Himmel, ich bin so was von verloren!«

Anfang der 1990er-Jahre, als Arnie mit dem Fat Boy in »Terminator 2« spektakulär vollstreckte, spürte ich zum ersten Mal eine Begeisterung für Harley-Davidson in mir. Allerdings schoben in dieser Zeit die Japaner Jahr für Jahr derart viele faszinierende Sportmaschinen an den Start, dass meine Gier und mein Haben-Wollen-Reflex immer voll ausgelastet waren. Na ja, und am Konto kannte ich sowieso nur den roten Bereich. XJR 1200, X11, Fireblade, R1 etc. waren im Vergleich zum Fat Boy echte Schnäppchen, die noch dazu den amerikanischen Traum in jedem Bereich mörderisch einstampften.

Dennoch ist die Terminator-Glut nie ganz erloschen, und als ich dann 2001 am Fuße des Ätnas einen gelben Fat Boy mit Twin Cam 88 B zum Testen ausfasste, brach in mir der Vulkan aus. Die 64 PS schwache, 320 kg schwere, nahezu bremsenlose Maschine mit dem 130er-Asphaltschneider im Heck entfachte in mir eine alles erfüllende Euphorie, die so stark war, dass sie bis heute anhält. Die Bilder und die Eindrücke dieser Fahrt sind auch knapp 20 Jahre später noch immer so präsent in mir, als wäre es gestern gewesen. Was für ein Traum! Ich saß bequem im breiten, perfekt aufgepolsterten Sattel, hatte die Füße auf den Trittbrettern abgestellt, freute mich über den fetten, gelben Tank mit dem großen Rundinstrument zwischen den Knien, wurde durch den breiten und geschwungenen Lenker in eine souveräne, entspannte und doch auch fahraktive Position gebracht und blickte über den großen, tief verchromten Rundscheinwerfer, in dem sich der sizilianische Himmel konkav spiegelte, in die Welt, die im Wesentlichen aus riesigen Lavafeldern und einer herrlich geschwungenen Straße dazwischen bestand. Wow! Gut möglich, dass ich in diesem Moment der glücklichste Mensch auf Erden war. Jedenfalls war ich zutiefst beeindruckt von der amerikanischen Maschine und ihrer ganz eigenen Art, die Seele zu vertikutieren. Ich fühlte mich so wahnsinnig frisch.

»Was ist los mit dir? Kannst du das irgendwie erklären?«, fragte ich mich dann selbstkritisch bei der ersten Rauchpause. Zu Hause hatte ich eine 150 PS starke R1, die nicht nur absolutes Hightech war und fantastische Fahrleistungen lieferte, sondern auch ein mörderisches Charisma hatte, und zusätzlich besaß ich als Zweitmaschine eine kürzer übersetzte, auf 158 PS feingetunte X11, die metaphorisch gesehen das Zeug hatte, alles niederzuwalzen, das sich ihr in den Weg stellte. Und jetzt hebelte mich so ein vergleichsweise urmüder Eisenhaufen mental vollkommen aus?!

Ich nahm einen tiefen Zug vom gerollten Schwarzen Krauser, ließ meinen Blick über den Fat Boy strei-

Der breite, perfekt gekröpfte Lenker und der tiefe, extrem bequeme Sattel ergeben eine entspannte Sitzposition vom Allerfeinsten.

fen und analysierte: Der 1449er-Motor hatte zwar tatsächlich keine nennenswerte Leistung, aber dafür ein mörder Drehmoment von rund 100 Newtonmetern schon knapp über Standgas. Der polternde, eingespritzte Langhuber, der sehr angenehm direkt und dennoch vollkommen unaufgeregt am Gas hing, trieb mich mit 2000 U/min bärenstark den Ätna hinauf. Der traktorartige Schub von ganz unten war einfach göttlich. Was für ein archaisches Beben! Dazu passte auch das Getriebe, das durchaus präzise funktionierte, aber ganz sicher nicht geräuschlos. Jeder Gangwechsel erzeugte ein mechanisch massives Klacken, das mich an eine gewaltige Stanzmaschine in einer Metallfabrik erinnerte. Herrlich! Dass die Einscheiben-Bremse vorn den Biss eines Zahnlosen hatte und die hinteren, unten liegenden Federbeine jede gröbere Unebenheit in den Rang eines Schlaglochs erhoben, fiel mir auf, war mir aber vollkommen egal. Ich war einfach zutiefst fasziniert vom Motor und seinen »good vibes«, von der mechanischen Authentizität und vom Handling. A priori hätte ich nie gedacht, wie spielerisch leicht man den Brocken dirigieren konnte – sogar durch enge Kehren. Das verhältnismäßig frühe Aufsetzen der Trittbretter tat meiner Freude keinen Abbruch. Irgendwie passte es perfekt zu den Bremsen. Keine Frage, Arnie hatte mit dem Fat Boy mörderisch gewütet, aber in der Realität jenseits des Films war diese Harley einfach ein in seiner Gesamtheit faszinierender Chopper, der keinerlei Ambitionen zeigte, Pokale oder Bergwertungen zu gewinnen. Und dennoch fühlte ich mich im Sattel des Fat Boys wie einer der größten Helden auf diesem Planeten. Verdammt, ich war so glücklich! Und stolz! Die Fahrt auf den Ätna gehört definitiv zum Besten, das ich erleben durfte.

DATEN

Luftgekühlter Zweizylinder-Viertakt-V-Motor, 1449 cm^3, Einspritzung, Leistung 47 kW (64 PS) bei 5400/min, max. Drehmoment 105 Nm bei 3000/min, Doppelschleifenrahmen aus Stahl, Telegabel, zwei Federbeine, Reifen vorne und hinten MT 90 B-16, vollgetankt 320 kg, Tankinhalt 18,9 Liter, Topspeed 173 km/h, Preis (2001) 38 650 Mark, Bauzeit 2000 bis 2006

Für Jäger und Sammler

Egal, welche Harley man ins Auge fasst – Kult ist (oder wird) fast jede, aber der Fat Boy ist schon neu als Kultmobil verkauft worden. Sprich: Die Preise sind und bleiben saftig – Letzteres hilft beim Schönreden der Ausgabe von mindestens 10 000 Euro. An der Solidität des 2000er- Fat-Boy mit Kürzel FLSTFI muss nicht gezweifelt werden, allerdings darf man ab 50 000 km den Preis drücken. Finger weg von Umbauten, die Bremse oder Breitreifen umfassen. Ein echter Tipp: Fat Boy mit 1550er-Big-Bore-Kit.

HARLEY-DAVIDSON FAT BOY TWIN CAM 88 B

Die Scheibenräder des Fat Boy waren wirklich Aufsehen-erregend. Insgesamt darf man die Maschine bis heute ganz normal als Kult-Ikone bezeichnen.

Honda VT125 C/C2 Shadow. Wenn Sie gut verhandeln können, schwatzen Sie dem Vorbesitzer beim Gebrauchtkauf auch gleich die passende Jacke mit ab!

GEWALTIGES ACHTEL

Tagebuch 14.5.2000: »Der Achtelliter-Chopper des Flügelimperiums führt Menschen mächtig in die Irre. Zweimal wurde sie heute als Harley verkannt.«

Der Softchopper-Boom im ausgehenden zweiten Jahrtausend war für mich wie eine Persiflage. Die Japaner überschwemmten den Markt mit einer gewaltigen Modelloffensive, und die hungrige Kundschaft fiel regelrecht über die Freiheitsmaschinen her. Die »kleinen Harleys« im mittleren Hubraumsegment waren begehrt wie Honigtöpfe im Bärenhaushalt. Brustschwache 500er- bis 800er-Chopper aus Japan verkauften sich wie von selbst.

Für mich kam das nicht infrage. Wenn Chopper, dann Harley. Die Vorstellung, dass Captain America und Billy mit einer 535er-Virago und einer 600er-Shadow zum Mardi Gras nach New Orleans unterwegs gewesen wären, ging gar nicht. Absolut absurd, irgendwie lächerlich. Wer wirft schon das urarge psychedelische Zeug ein und putzt dann den Kardan seiner Zwergmopette? Undenkbar. Aber möglicherweise beruhte meine starke Prägung gar nicht auf »Easy Rider«, sondern auf meinem ersten Motorrad-Quartett, in dem eine mörderisch fette Harley bei Hubraum und Gewicht kaum zu stechen war. Das war ein Chopper, ein Freiheitseisen, ein Monument des Motorradbaus. Die weiche Abteilung aus Japan konnte da nicht einmal hinriechen, wie man so sagt.

Allerdings hatten die Nippon-Fransenböcke damals unbestrittene Vorteile gegenüber dem amerikanischen Original: unerschütterliche Zuverlässigkeit, zugängliche Hubraumklasse und moderate Preise. Und da auch die Optik bei den meisten Modellen durchaus sehr ansprechend war, erfüllten sich viele Menschen, die per se nicht unbedingt Hardcore-Motorradfahrer waren, den Traum von der Freiheit und kehrten ihre wilde Seite nach außen. Mitunter war das natürlich sehr lustig: Der demütige Bankangestellte, der am Schalter den ganzen Tag den Vernünftigen mimte, schälte sich abends in seine Fransenjacke, riss die 600er- Intruder an und fröhnte der Illusion von ausgelassener Freiheit, Rebellion und hemmungslosen Sexpartys mit willigen Motorradbräuten.

Es kam aber noch ärger. Durch die Lockerungen der Führerscheinbestimmungen in vielen EU-Ländern Ende der 1990er-Jahre konnten Menschen ohne Motorradführerschein (sofern sie einen fürs Auto hatten) plötzlich Motorräder mit 125 Kubik fahren. Also Leichtkrafträder mit maximal 15 PS. Und da feuerten die Japaner eine Produktoffensive ab, die mir bis heute den Atem raubt. Die gaben wirklich alles und schraubten ganz normale V2-Motoren in die Achtelliter-Easy-Riders! Die 125er-Intruder von Suzuki und die 125er-Virago von Yamaha waren bildschöne, mit viel Liebe zum glänzenden Detail gefertigte Freiheitsmaschinen, die halt klei-

Sehr wertige Tankarmatur im Stile der großen Freiheitseisen.

ner waren als die echten, amerikanischen Dampfhämmer, aber doch sehr stimmig und uredel in der Anmutung. Und preislich ein Wahnsinn. Eine ganze 125er-Intruder kostete in etwa so viel wie der Tank einer Electra Glide.

Die teuerste, aber auch die imposanteste Maschine in dieser neuen Liga war die 125er-Shadow vom Flügelimperium. Sie war im Reich der Kleinchopper zweifellos die Krönung der Schöpfung. Honda füllte die vollen 15 PS ein, schrumpfte die Maschine nicht komplett auf Miniatur zusammen und setzte auf eine Formensprache, die zwar eigenständig war, aber sich durchaus mit dem Original aus Amerika arrangierte. Wie gut die 125er-Shadow wirkte, zeigte sich bei jeder Rauchpause im Ballungsgebiet. »Das ist aber eine schöne Harley!«, hörte ich immer wieder. Selbstverständlich gab es da einen Impuls in mir, die Sache klarzustellen (»Tut mir leid, dass ich so direkt bin, aber Sie sind vollkommen ahnungslos, eine Harley, pah …). Letztendlich jedoch bedankte ich mich fürs Kompliment und freute mich für die Honda, die in ihrer Liga alles in den Shadow, ähh, Schatten stellte. Dass heute die alten 125er-Chopper wieder stärker im Bewusstsein sind, liegt an der aktuellen Nachfrage nach Motorrädern, die man mit dem Autoführerschein fahren darf, und am Angebot. Der omnipräsente Rotstift in den Unternehmen führt dazu, dass man kleine V2-Chopper nicht mehr baut. Und so greifen Menschen, die auf der Suche nach einem Easy Rider sind, mitunter lieber zu 20 Jahre alten 125ern, auch wenn sie fast das gleiche kosten wie Neufahrzeuge. Das ist schon eine echte Erfolgsgeschichte und der Beweis, dass Qualität und Wertigkeit viel Sinn machen. Und jetzt noch das Zauberwort: nachhaltig.

Der 90° V2, die schöne Linie und die nicht zu vernachlässigende Größe machten die Shadow 125 zu einem echten Chopper.

DATEN

Zweizylinder-Viertakt-V-Motor, 124 cm^3, Vergaser, Leistung 11 kW (15 PS) bei 11000/min, max. Drehmoment 10,7 Nm bei bei 9000/min, Doppelschleifenrahmen aus Stahl, Telegabel, zwei Federbeine, Reifen 100/90-17, 130/90-15, vollgetankt 161 kg, Tankinhalt 14,5 Liter, Topspeed 108 km/h, Preis (2000) 7330 Mark, Bauzeit 1998 bis 2008

Für Jäger und Sammler

Der Markt für 125er boomt, das mag etwas mit Corona (Pendeln ohne Bus und Bahn), viel mehr aber mit der B 196-Führerscheinregelung für Klasse 3-Inhaber zu tun haben. Für diese Klientel, die vermutlich»Easy Rider« noch im Kino und nicht erst bei Netflix gesehen hat, ist die Shadow ein ganz heißes Eisen für den Feierabendritt in den Sonnenuntergang. Top gepflegte V-Twins sind begehrt und kosten mindestens 3000 Euro.

Kawasaki VN 800 Classic von 1996. Purple Train. Oder auch die Tatsache, dass man nur ein paar Jahrzehnte warten muss, bis ein Stil wieder»hip« ist. Gilt für Youngtimer-VN wie für Oldschool-Rocker

DER KLEINE FAT BOY

Tagebuch 20.6.1996: »Was für ein herrlicher Tag! Bin mit der bildschönen VN 800 zum Attersee gefahren. Meine Blume hat allerdings wieder auf eine Ungleichbehandlung hingewiesen.«

Psychedelisch, eindeutig psychedelisch. Wie sich die Welt in diesem wunderbar runden, tief verchromten Scheinwerfer konkav spiegelte, war vom Allerfeinsten. Die Dynamik der sich fließend ändernden Komposition aus gekrümmtem, blauem Himmel, zarten Wolken, gebogenen Häusern und windschiefen Alleebäumen war derart vereinnahmend, dass ich tatsächlich Gefahr lief, dem eigentlichen Theater zu wenig Aufmerksamkeit zu schenken. Heutzutage ist dieses »Nicht-ganz-bei-der-Sache-Sein« fast schon normal, weil man unfassbar viele Funktionen während der Fahrt verstellen kann bzw. im Mäusekino permanent der heiße Streifen der Navigation läuft, aber Mitte der Neunziger brauchte es schon so eine verchromte Halbkugel, um in ein Paralleluniversum zu gleiten. Dass dieses mentale Abdriften nicht ganz so schlimm war (Die These: »Wer beim Motorradfahren abgelenkt ist, kommt nicht weit« ist ja empirisch einzementiert, daran gibt es nichts zu rütteln, wie man so sagt), lag an der Art des Geräts. Die Kawasaki VN 800 Classic war einfach kein Heizeisen, keine Sportmaschine und schon gar keine Waffe für kompetitive Anraucher vor dem Herrn, sondern ein vollkommen aggressionsloser, bildschöner kleiner Fat Boy.

Keine Frage, die Japaner hatten offensichtlich das amerikanische Original genau studiert und viel Wesentliches davon übernommen, aber ich nahm ihnen das nicht übel. Im Gegenteil. Ich hielt es für sehr gescheit und sagte zu meiner Blume: »So muss ein Chopper ausschauen. Der Scheinwerfer und die verkleidete Gabel sind eindeutig Fat-Boy-Style, die Starrahmen-Optik hinten ist typisch Softail und die Tankform samt aufgesetztem Tacho ist sowieso Harley. Ich verstehe nicht, warum die anderen Japaner beim Chopper eigene Wege gehen wollen, wenn doch nichts in diesem Genre auch nur annähernd so stimmig ist wie die amerikanische Formensprache. Ich finde diese Kawa unglaublich schön.«

Wir rodelten vom relativ flachen Wien aus über das immer mehr bergig werdende Land zum Attersee in Oberösterreich. Der wassergekühlte 800er-Twin war natürlich kein Killer, aber 56 PS und 64 Nm reichten locker, um den doppelt besetzten Chopper auch über ernsthafte Steigungen ohne Schwächeanfall nach oben zu schieben. Ein tadelloser, gut abgestimmter Motor. Natürlich nicht so rau und polternd wie der einer Harley, dafür aber drehfreudiger und spritziger. Dass das Fahrwerk von Kollegen durchaus als gut bewertet wurde, wunderte mich allerdings. Für mich hatte die Kawa eine leichte Tendenz zum Schwimmen im Sinne des gechillten Streetsurfens und mit der Spurtreue war es auch nicht weit her, wie man so sagt. Ich dachte manchmal an das Mäandern eines VW Käfers. Das Hauptproblem in diesem Zusammenhang war aber gar nicht die Maschine selbst, sondern der Umstand, dass ich direkt von einer Yamaha Thundercat umgestiegen war. Wer supersportliche Präzision gewohnt ist, glaubt auf einem Chopper, dass das Fahrwerk einen Totalschaden hat. Das ist ganz normal.

De facto war die VN 800 Classic mit den 16 Zöllern sehr gut zu bewegen. Zentimetergenaues Einlenken und souveränes Schlucken von Bodenunebenheiten gab es zwar nicht, aber insgesamt machte es mir eine unglaubliche Freude, mit der bildschönen Maschine durchs Land zu surfen. Und auch meine Blume am Sozius war von der Kawa sehr angetan. Allerdings gab es einen Punkt, den sie gesellschaftspolitisch beleuchten musste: »Wirklich ein tolles Motorrad. Schaut super aus, fährt sehr angenehm, aber der Sozius ist eine Frechheit! Du sitzt vorne mörderbequem wie in einem Lederfauteuil, und hinten gibt es nur eine kleine, spartanisch gepolsterte Fläche, die so groß wie ein Buch ist. Das ist absurd.« Zum Glück hatte meine Blume keinen Motorradführerschein, sonst wäre das weitere Szenario leicht vorherzusehen gewesen: »Setz du dich hintendrauf. Dann siehst du, was das für eine Zweiklassengesellschaft ist!« Es wäre ein Desaster geworden. Denn trotz meines durchaus ausgeprägten Verständnisses für die Gleichberechtigung, die Emanzipation und den Willen, die Welt für beide Geschlechter gerechter zu machen, war es für mich einfach keine Option, hinten bei der Blume aufzusitzen. Ich hätte mich ganz normal zu Tode gefürchtet. In den letzten 25 Jahren hat sich doch viel verändert, aber manches nicht: zum Beispiel meine Angst am Sozius und die Schönheit der VN 800 Classic.

Die Kawasaki-Designer haben sich bei der VN800 nicht weit vom großen Vorbild entfernt.

DATEN

Wassergekühlter Zweizylinder-Viertakt-V-Motor, 805 cm^3, Vergaser, Leistung 41 kW (56 PS) bei 7000/min, max. Drehmoment 64 Nm bei 3300/min, Doppelschleifenrahmen aus Stahl, Telegabel, Dreiecksschwinge aus Stahl, Zentralfederbein, Reifen 130/90 H 16, 140/90 H 16, vollgetankt 256 kg, Tankinhalt 15 Liter, Topspeed 173 km/h, Preis (1996) 15 190 Mark, Bauzeit 1996 bis 2005

Für Jäger und Sammler

Ja, auch bei der Fat-Boy-Replica aus Nippon ist der Kipppunkt erreicht. Haben wir vor gut zehn Jahren die Preisuntergrenze bei knapp 2500 Euro gezogen, muss man inzwischen noch gut 2500 Euro drauflegen, um eine liebhabergepflegte Classic zu erstehen. Kilometerleistungen jenseits der 40 000 zeigen, dass mit der VN auch anständig getourt wird. Worauf achten? Kein Wartungsstau, keine Standschäden! Dann wird der Japan-Fat-Boy dein old boy!

KAWASAKI VN 800 CLASSIC VON1996

Möglicherweise war die VN800 die absolute Krönung des Softchopper-Booms. Sehr gefällig und unerschütterlich standfest.

Kawasaki VN1500 Drifter von 1999. Blech gehabt? Eher weniger, die üppige Radverschalung besteht aus Kunststoff. Trotzdem 70 Kilo schwerer als das Indian-Vorbild

VOLLER IRRTUM

Tagebuch 11.11.1999: »Heute durfte ich die brandneue Kawasaki VN 1500 Drifter testfahren. Mächtiger Chopper! Technisch erwartungsgemäß top und ein sehr gelungenes Design. Die Rückkehr der Indianer-Kotflügel! Die Drifter wird sich sicher gut verkaufen.«

Selten habe ich mich in meiner Einschätzung so geirrt wie bei den Drifter-Modellen von Kawasaki. Nach der Probefahrt war ich mir ganz sicher, dass sich die 800er und die 1500er mit den spektakulären Indianer-Kotflügeln, die an eine glorreiche Zeit erinnerten, gut verkaufen würden.

Keine Frage, Ende der 90er-Jahre war Harley-Davidson bei den Choppern eine uneinnehmbare Festung, aber im Sog des Freiheitskults gelang es den Japanern immer wieder, sehr begehrte Modelle in den Markt zu schieben. Die klassische VN 800 zum Beispiel, die voller Stolz und ohne einen Hauch von peinlicher Scham die Formensprache der amerikanischen Chrombomber eins zu eins kopierte, war ein echter Treffer, der es 1996 in Österreich sogar zum meistverkauften Motorrad brachte. Auch die VN 1500 hatte viele Fans. Kawasaki baute einfach gute Chopper.

Insofern war ich keineswegs überrascht, als ich die große Drifter zum ersten Mal durch das Land rabauken ließ. Kräftiger V2-Motor mit Einspritzung, mächtiges Drehmoment, sehr gutes Chopper-Fahrwerk, vertrauenswürdige Bremsen und ein – in meinen Augen – gewaltiger Auftritt im Sinne der Optik. Die Indianer-Kotflügel trafen mich tief im Innersten. Natürlich wusste ich, dass diese aufsehenerregenden Radverkleidungen nicht in einem japanischen Designbüro zur Welt kamen, sondern bereits in den 40er-Jahren von Indian verbaut wurden, aber das tat meiner Faszination keinen Abbruch. Die einst so stolze und glorreiche Marke Indian war ja seit 1953 nicht mehr existent (die würdige Wiederbelebung der Marke durch Polaris war Ende der 90er noch nicht in Sicht), und ich war einfach glücklich, dass diese markanten Kotflügel wieder in Erscheinung traten. Ich hatte sogar ein wenig Hoffnung, dass Kawasaki vielleicht auch den Streamliner von Henderson von 1930 in das dritte Jahrtausend transponieren könnte. So weit kam es aber nicht. Denn die Drifter-Reihe war ein Desaster. Obwohl das verbesserte Fahrwerk und der jetzt eingespritzte Motor die Drifter technisch klar über die bisherige VN 1500 hoben, standen die Maschinen wie angeschraubt in den Schauräumen. Den Spruch eines enttäuschten Kawasaki-Händlers als Antwort auf die Frage nach dem Begehren der Kundschaft werde ich nie vergessen: »Das will überhaupt niemand. Nicht einmal die Hunde heben das Bein.« Ein Drama.

Konnte man das offensichtliche Desinteresse irgendwie erklären? Was hatte denn die Drifter an sich,

Auch die Tankkonsole war tiefschwarz. Chrom fand man an der Drifter nur wenig.

dass sie nicht einmal räudige Straßenköter markieren wollten? »Diese schwülstigen Kotflügel sind gar nicht das Hauptproblem«, erklärte der Händler, »sondern das viele Schwarz. Wie kann man denn bei einem Chopper auf Chrom verzichten? Die müssen sich in Japan mit Hochprozentigem mörderisch zugeschüttet haben. Anders kann ich mir diesen Griff ins Klo nicht erklären. Es ist eine Tragödie. So eine gute Maschine, aber kein Mensch will sie anschauen, geschweige denn kaufen.«

Nun, aus heutiger Sicht könnte man den oft zu Unrecht verwendeten Sager »Sie war ihrer Zeit voraus« ins Treffen führen. Ich glaube zwar nicht, dass jemals eine Zeit kommen wird, in der zum Beispiel der irrwitzige C1-Dachroller von BMW die Herzen vieler Menschen erobert, aber wenn man sich die aktuelle Palette der Chopper ansieht, dürfte die Drifter tatsächlich zu früh gekommen sein. Denn sowohl Harley-Davidson als auch Indian bieten heute mächtige Eisenrösser an, die weitestgehend auf Chrom verzichten und die schwarze Seite der Macht nach außen kehren. Und Indian hat selbstverständlich auch Modelle mit den typischen Kotflügeln im Programm, die sich großer Beliebtheit erfreuen – obwohl die Maschinen (ganz im Gegensatz zur relativ erschwinglichen Drifter damals) ein Vermögen kosten.

In Bezug auf den Verkaufserfolg hatte ich mich schwerstens geirrt, aber auch heute noch bin ich der Meinung, dass die VN 1500 Drifter ein sehr guter, spektakulär origineller Chopper ist. Alle vier Jahre sehe ich einmal eine Drifter zufällig irgendwo stehen. Und ganz egal, wie eilig ich es habe, ich bremse mich ein und bewundere dieses verwegene Teil, das die Kawasaki-Händler zur Verzweiflung gebracht hat. Dann sage ich zur Maschine: »Du bist absolut großartig und rar wie ein klarer Gedanke in einer Likörstube. Lass dich ja nicht schrotten!«

Die große Drifter war ein beeindruckender, technisch hervorragender Chopper. Im Verkauf floppte sie allerdings mörderisch.

DATEN

Wassergekühlter Zweizylinder-Viertakt-50-Grad-V-Motor, 1471 cm^3, Leistung 47 kW (64 PS) bei 4700/min, max. Drehmoment 113 Nm bei 2800/min, Doppelschleifenrahmen aus Stahl, Telegabel Ø 41 mm, Zweiarmschwinge aus Stahl, zwei Federbeine, Reifen 130/90-16 H, 150/80-16 H, Gewicht vollgetankt 323 kg, Tankinhalt 19 Liter, Preis 21 150 Mark (1999), Bauzeit von 1999 bis 2003.

Für Jäger und Sammler

Als Neumaschine ein Flop, als Gebrauchte eine durchaus gesuchte und relativ teuer gehandelte Rarität – der großen Drifter geht es wie vielen vormals unverstandenen Schätzchen. Das sehr, sehr bescheidene Angebot gliedert sich wie folgt: unter 5000 Euro Wanderpokale, Baustellen und Umbau-Opfer; zwischen sechs und sieben Mille Qualitätsware.

KAWASAKI VN1500 DRIFTER VON 1999

Suzuki Intruder 125 LC. Japan gönnte damals den kleinen Softchoppern echte V2-Motoren. Deshalb sind diese Gebrauchten heute so begehrt.

RAUS AUS DEM BÜRGERKÄFIG

Tagebuch 21.4.1999: »Bin heute mit der kleinen Intruder gefahren. Bildschöner Chopper mit V2. Bravo Suzuki! Da werden die Leistungsfreaks wieder voll in Jet-Kit und Auspuff investieren.«

Ja sicher, auf der Autobahn verlor ich kurz den Glauben an das Gute in der Welt. Immer wenn ich mich aus dem Windschatten des mächtigen Lkw auf die zweite Spur traute und voller Hoffnung mit fester Entschlossenheit den längst fälligen Überholvorgang endlich glorreich abschließen wollte, kam ich nicht weiter als auf die Höhe der Kabine. Kurz durfte ich noch den Blick des interessierten Truckers wahrnehmen, dann fiel ich wieder zurück. Was für ein Drama! Im Windschatten konnte ich zwar locker mithalten, aber überholen war leider nicht möglich. Dabei faltete ich mich eh schon auf das kleine Freiheitseisen wie auf einen Supersportler. Mit dem Kopf zwischen dem hohen Lenker – wie ein Hirsch mit Geweih.

Egal. Die kleine Intruder machte mir dennoch eine Freude. Der gutmütige, gut zwölf PS starke 125er-V2 war zwar auf der Autobahn eine echte Niederlage, aber in Ballungsgebieten trumpfte er groß auf (für die meisten Bürgerkäfige reichte es an der Ampel locker) und selbst auf der Landstraße gab er nicht gleich klein bei. Keine Frage, bei Bergwertungen wie dem Großglockner zum Beispiel hatte der V2 schon ordentlich zu kämpfen, aber tiefer als in den zweiten Gang musste ich auch auf mörderischen Anstiegen nie schalten. Ich darf in diesem Zusammenhang allerdings gestehen, dass ich nicht weiß, wie die Sache ausgegangen wäre, hätte die grünäugige, resolut gebaute Bäckerin ihren Plan »Einmal müssen Sie mich mitnehmen, Herr Zonko« in die Tat umgesetzt. Die kleine Intruder hätte in mächtiger Doppelbesetzung wohl viel von ihrer Spritzigkeit verloren. Möglicherweise hätte der Ausflug sogar zu dem gefürchteten Satz geführt: »Herr Zonko, ich bin enttäuscht!«

Na ja, ein gewisses Moment der Enttäuschung war in all den 125ern ab Werk mit voller Absicht eingebaut. Wer vom vierrädrigen Käfig auf ein zwölf PS schwaches Motorrad umstieg, erlebte zunächst eine erfrischend kräftige Fahrdynamik, aber die Begeisterung wich schon nach wenigen Monaten dem Wunsch nach mehr Leistung. Das war einerseits gut für die Hersteller, weil viele 125er-Fahrer dann auf größere Gerätschaften umstiegen, und andererseits ein wahrer Segen für die Tuner, die im großen Stil Jet-Kits und Auspuffe an die leistungshungrige, aber A-Führerschein-unwillige Kundschaft verkauften. »Alter, wie deppert muss man denn sein, um für

Mit viel Liebe zum Detail wurde die 125er Intruder gestaltet.

eine Steigerung von zwei bis maximal drei PS so viel Geld in die Hand zu nehmen?!«, argwöhnten viele Besitzer von hubraumstärkeren Apparaten, aber relativ gesehen waren zehn Prozent mehr Leistung auch bei den 125ern eben zehn Prozent. Den Lkw hätte ich damit jedenfalls gerichtet. Gnadenlos.

Rückblickend darf ich festhalten, dass es Ende der 1990er-Jahre eine echte 125er- Revolution gegeben hat. Zumindest in Österreich. Seit 1. November 1997 durfte man mit dem B-Führerschein (B wie Bürgerkäfig) nach Absolvierung eines halb- tägigen Kurses Motorräder der Achtelliter-Klasse fahren. Das führte zu einem gewaltigen Boom bei den 125ern. Viele Käfigbürger, die es satt hatten, tagein, tagaus mörderisch im Stau zu stehen, sattelten auf sogenannte »B111«-Maschinen um. Also 125er mit maximal 15 PS. Dass es dabei auch zu absurden Auswüchsen des Wahnsinns kam, ist logisch. Plötzlich entdeckten Käfigbürger die Freiheit, kleideten sich wie Winnetou und hängten lange, lederne Fransen an den Lenker ihres Achtelliter-Choppers. Mörderisch! Doch obwohl die meisten B111-ler auf den Firlefanz verzichteten, rümpften viele gestandene Motorradfahrer die Nase und raunten: »Die Unwürdigen sollen in ihrer Dose bleiben!« Dabei wurde Zweierlei übersehen: Erstens, dass die Gruppe der Motorradfahrer erheblich größer wurde und an demokratiepolitischem Gewicht gewann, und zweitens, dass das Verständnis und die Sympathie für Motorradfahrer wuchsen. Ein Käfigbürger, der jetzt selbst die Freiheit und die Dynamik auf zwei Rädern erfährt, wird anders schauen und anders reagieren, wenn er wieder einmal im Auto sitzt. Und er wird mit Sicherheit davon Abstand nehmen, Motorradfahrer grundsätzlich als Vollidioten zu verteufeln.

Schade ist, dass Deutschland so lange mit der Einführung der 125er-Regelung gewartet hat. Wunderschön gemachte Achtelliter-V2-Chopper wie die Suzuki Intruder, die Yamaha Virago und die Honda Shadow gibt es heute nur mehr gebraucht.

SUZUKI INTRUDER VL 125 LC

DATEN

Zweizylinder-Viertakt-V-Motor, 124 cm³, Vergaser, Leistung 9 kW (12,2 PS) bei 10500/min, max. Drehmoment 9,6 Nm bei 8000/min, Einschleifenrahmen aus Stahl, Telegabel, zwei Federbeine, Reifen 90/90-18, 130/90-15, vollgetankt 156 kg, Tankinhalt 12 Liter, Topspeed gewichtsabhängig, Preis (2006) 4150 Euro, Bauzeit 1999 bis 2007

Für Jäger und Sammler

Dadurch, dass es die kleine Tante Trude nicht ins offizielle Deutschland-Programm von Suzuki geschafft hat, ist die 125er eine echte Rarität. Allenfalls findet man hier und da einen gut erhaltenen Grauimport, der zu Mondpreisen (3000 Euro plus …) gehandelt wird. Alternative für den Schmalbrust-Easy-Rider: Honda Shadow 125 ab rund 2000 Euro!

Suzuki verbaute auch in der kleinen Intruder einen charismatischen V2. Einen LKW zu überholen, war trotzdem nicht leicht.

Suzuki VS 1400 Intruder. Die freundliche Intruder kann vieles besser, als man erwartet. Außer bremsen, dass kann sie wirklich nicht gut

TANTE TRUDE

Tagebuch-Eintrag 6.7.1987: »Der Motor der großen Intruder schaut irre gut aus. Muss einen mörder Hub haben!«

Warum die gewaltige Intruder mit dem 1400er-Motor in Deutschland »Tante Trude« genannt wurde und wird, entzieht sich meiner Kenntnis. Möglicherweise hatte der Namensschöpfer eine robust gebaute, nicht zu übersehende Tante mit ordentlichem Heck und dem unbremsbaren Drang, sich in fremde Angelegenheiten einzumischen. Hmm.

Da ich mich bei japanischen Tanten noch viel weniger auskenne als bei deutschen, ziehe ich mich auf die gesicherte Überlieferung zurück, dass im Suzuki-Werk in Hamamatsu der Name »Intruder« also »Eindringling« gewählt wurde, um die Absicht zu beschreiben, sich in den Chopper-Markt, der bis in die 80er-Jahre fest in amerikanischer Hand war, einzumischen. Aber wer weiß. Vielleicht war doch eine resche Tante im Spiel.

Jedenfalls war die 1400er-Intruder, die 1986 erschien, ein wirklich großer, und vor allem eigenständiger Wurf aus Japan. Die Formensprache war weit entfernt von einer Kopie des amerikanischen Traums, der fette 170er-Ballonreifen mit dem 80er-Querschnitt demütigte die Harleys, die allesamt noch mit 120er- bzw. 130er-Asphaltschneidern bestückt waren, und der große, luftgekühlte V2 war ein Monument der zügellosen Freiheit und ein technisches Meisterwerk. Für mich waren die hoch aufragenden Zylinder im 45-Grad-Winkel das Paradebeispiel für einen langhubigen Mördermotor. Unerreicht in der Optik, äußerst charismatisch. Ein Wahnsinn, wie schön! Allerdings förderte das Studium der technischen Daten eine Enttäuschung zutage: Das Bohrung-Hub-Verhältnis war nahezu quadratisch. Die beeindruckende Höhe der Zylinder entstand lediglich durch die obenliegende Nockenwelle und den Dreiventilkopf.

Der mächtige V also ein Blender? Keinesfalls, denn »Tante Trude« hatte mit 113 Nm bei etwas mehr als 2500/min und mit 67 PS eine Leistung, die man bei Harley damals nicht von der Stange kaufen konnte. Eine weitere Kampfansage war der 45-Grad-Hubzapfenversatz, der dem gewaltigen Motor japanische Laufkultur gab und verhinderte, dass die Vibrationen diverse Schrauben lockerten. Ja, und die Ölkühlung des hinteren Zylinders, der wie bei einem quer eingebauten V2 üblich ein Windschatten-Dasein führte, darf als großartige, technische Lösung verstanden werden, die der Langlebigkeit des Motors sehr zuträglich war – und außerdem verhinderte, dass das Gemächt des Piloten unnötig erhitzt wurde.

Knapp vierzig Jahre nach Erscheinen der ersten VS 1400 (sie wurde bis 2003 gebaut), darf man empirisch fundiert festhalten, dass der aufsehenerregende V2 die Erwartungen in puncto Langlebigkeit tadellos er-

Ein wirklich faszinierender Motor, der auf einen mörder Hub schließen lässt. Allerdings entsteht die Höhe der Zylinder durch die obenliegende Nockenwelle.

füllte und vielleicht sogar übertraf. Man darf weiter festhalten, dass die Formensprache auch heute noch absolut gültig ist. Der kleine, wunderschöne 13- Liter-Tank, die lange Gabel mit 160 mm (!) Federweg und die Chopper-typisch kurzen Stereo-Federbeine (105 mm), der tiefe, gut gepolsterte Sitz, der Sozius samt kleiner Lehne – das alles ist auch heute noch eine Augenweide, die vielleicht am ehesten an die Captain-America-Harley von Easy Rider erinnert, aber eigentlich selbst eine Ikone geworden ist.

Das Einzige, das den einen oder anderen Chopperfreak die Nase rümpfen lässt, ist der Kardan. Dieser Antrieb wird unter Harleyanten gerne als »Spaghetti-Wutzler« verspottet. Warum? Na, das ist im Gegensatz zu »Tante Trude« leicht erklärt: Einerseits die Drehbewegung der Gabel bei der Langnudelaufnahme, und andererseits die Moto Guzzi California, die 1971 eine Ausschreibung der Polizei von Los Angeles gewann und damit die stolze, amerikanische Seele in Aufruhr brachte, die ein Ventil zum Ablassen der Demütigung brauchte.

Es ist mehr als 20 Jahre her, dass die letzte VS 1400 das Band in Hamamatsu verlassen hat, aber ich persönlich finde sie noch immer sehr überzeugend. Freunde der Fahrdynamik werden wissen, dass eine 260 Kilo schwere Fuhre mit 41er-Gabel inklusive Enduro-Federweg nicht gedankengesteuert einlenkt und keine extrem späten Bremspunkte verzeiht,

aber im Sinne der metaphorischen Freiheit entspannt durchs Land rodeln, hat »Tante Trude« auch heute noch voll drauf. Und wenn man sie vor dem Kaffeehaus abstellt, wird es immer Bewunderung geben. Laien werden einfach sagen: »Das ist aber eine wirklich schöne, große Maschine« und Fachkundige werden ergänzen: »Das ist der stimmigste und beste Chopper, den Japan je gebaut hat. Damit sind sie in das Revier der amerikanischen Kulteisen eingedrungen.« Hätte man die nicht einfach weiterentwickeln können?

DATEN

SUZUKI VS 1400 INTRUDER

Luft-/ölgekühlter Zweizylinder-Viertakt-45-Grad-V-Motor, 1360 cm³, Vergaser, Leistung 49 kW (67 PS) bei 5000/min, max. Drehmoment 113 Nm bei 2600/min, Doppelschleifenrahmen aus Stahl, Telegabel, Stereofederbeine, Reifen 110/90 H 19, 170/80 H 15, vollgetankt 260 kg, Tankinhalt 13 Liter, Preis (1987) 13 999 Mark, Bauzeit 1986 bis 2003

Für Jäger und Sammler

Die Truden wurden teilweise ganz prächtig bewegt, sodass Laufleistungen über 70 000 Kilometer keine Seltenheit sind. Für derlei gerittene Exemplare werden immer noch Preise über 2500 Euro aufgerufen. Besser man investiert über 4000 Euro, denn ab diesem Betrag werden ab und an Exemplare mit unter 15 000 Kilometern angeboten.

Am Gesichtsausdruck des Fahrers ist deutlich zu erkennen, dass man auch ohne scharfe Bremse sehr glücklich sein kann.

Triumph Rocket III von 2004. Selbst Branchen-Insider hielten die ersten Rocket-III-Gerüchte für einen gewaltigen Scherz. Der dann in einer ebenso gewaltigen Drehmomentwoge pulverisiert wurde

TÄUSCHE DICH NICHT

Tagebuch 20.3.2003: »Heute habe ich das irrste Gerücht aller Zeiten gehört: Triumph soll schon bald einen Chopper mit 2,3 Liter Hubraum bringen! Vollkommen absurd. Wahnsinn, was sich die Leute so ausdenken.«

Ich hielt es für die gewaltigste Ente aller Zeiten. Als ich zum ersten Mal das Gerücht hörte, dass der britische Hersteller Triumph einen mörderischen Chopper bauen werde, lachte ich laut auf. So ein Blödsinn! Triumph hatte sich in den letzten zehn Jahren großartig entwickelt und zeigte eine klare Tendenz zum Sportmotorrad. Keine Frage, mit TT 600 und später Daytona 600 konnten sie gegen die japanische Supersport-Dominanz noch nichts ausrichten, aber für mich lag die Betonung auf »noch«. Schließlich war die Speed Four bei den 600er-Nakeds bereits die Benchmark. Ich wartete auch auf einen würdigen Nachfolger der Daytona 955i. Also sagte ich dem Enten-Boten: »Schau, Triumph geht in die sportliche Richtung, da werden sie den Japanern in den nächsten Jahren zusetzen. Für Chopper haben sie weder Zeit noch Geld noch das passende Image. Das Gerücht hat weniger Wahrheitsgehalt als eine Kaninchenblähung Gewicht.«

Na ja, es war ein Irrtum meinerseits. Triumph schob 2004 tatsächlich einen überaus gewaltigen Apparat an den Start: die Rocket III mit längs eingebautem Dreizylinder und 2,3 Liter Hubraum! 140 PS, 200 Nm, 240er-Heckwalze, 320-mm-Doppelanker, vollgetankt über 350 kg schwer. Wow! Die Rocket III kam über die Welt der Chopper wie ein Vulkanausbruch. Und der Wiener Harley-Papst Ferdinand O. Fischer hatte Mühe, nicht selbst vom Glauben abzufallen: »Harley hätte diese Maschine bringen müssen, nicht Triumph!« Das Entsetzen in den Augen des Papstes war nicht grundlos. Die großen Harleys hatten damals 1450 cm³, 109 Nm, keine 80 PS und rollten hinten auf vergleichsweise mickrigen 140er- bis 150er-Asphaltschneidern. Gegen die Rocket wirkten die edlen Freiheitseisen aus Milwaukee wie Spielzeug. Erschwerend kam für die Amis hinzu, dass die britische Rakete nicht nur äußerst aufsehenerregend war, sondern im Gegensatz zu der ebenfalls spektakulären V8-Boss-Hoss viel besser und leichter im Sinne der engagierten Fortbewegung funktionierte. Die Rocket war kein Showbike für ein paar Ausgezuckte, sondern eine euphorisierende Maschine, die ihren Anspruch auf das oberste Podest bei den Choppern kampfstark geltend machte. Niemand zweifelte daran. Nicht einmal der Harley-Papst.

Wie forsch die Rocket tatsächlich zu bewegen war, erlebte ich bei einer Promotion-Ausfahrt mit Freunden unter Führung von Jürgen Schnaller vulgo Jorge Jamon. Der Tiroler Motorradhändler und Ex-Rennfahrer war damals die erste Adresse für Triumph-Maschinen in Österreich (er war vom Neustart weg an vorderster Front dabei und pushte die Marke mörderisch), und es gab keinen Besseren, um das Potenzial der Chopper-Rakete zu veranschaulichen. Ja, Himmel! Der fahrtechnisch äußerst versierte Jorge trieb die Rocket dermaßen entfesselt durch die Radien des Schönbergs, dass wir mit unseren Speed Triples, Daytonas und Speed Fours schon ordentlich am Kabel ziehen mussten, um nicht abzureißen. Es war eine Orgie der Schwarzmalerei! Der unglaubliche, fette 240er verewigte sich am Kurvenausgang, dass man als Nachfolgender unterm Helm von einem Ohr zum anderen grinsen musste. Göttlich! Was für eine Kraft! Was für ein Feuerstuhl! Und da die wunderbare Wumme erstaunlich viel Schräglagenfreiheit hatte (für einen Chopper), stabil und berechenbar blieb und zudem mit dem 320-mm-Doppelscheiben-Anker forsch verzögerte, war sie auf den Pässen in Südtirol alles andere als ein Opfer. Keine Frage, es schadete nicht, dass Meister Jamon im Sattel saß, aber auch mit minderwertigerem Fahrermaterial war die Rocket ein Wolf im Schafspelz. Mit abartiger Beschleunigung. Am Kurvenausgang musste man schon alle seine Sinne beisammenhaben, um die vollen Newtonmeter in die Walze zu schicken (eine elektronische Traktionskontrolle war damals noch ein reines Fantasieprodukt wie die fliegenden Brathühner im Schlaraffenland), aber an der Ampel war das Abfeuern deppensicher. Der massive, lange Bock zeigte keinerlei Wheelie-Neigung, und das hintere Gummi konnte mörderisch viel Kraft in den Asphalt reiben. Brutal, wie es den Apparat bei Grün nach vorne katapultierte! Rocket – nomen est omen. Heute freue ich mich unendlich auf die erste Fahrt mit der brandneuen Nachfolgerin der Rocket III, die mir damals das elfte Gebot in die Seele gebrannt hat: Du sollst dich nicht täuschen.

Während Harley noch 150er Hinterreifen verbaute, trumpfte die Rocket mit einer gewaltigen 240er Walze auf.

TRIUMPH

DATEN

TRIUMPH ROCKET III VON 2004

Dreizylinder-Viertakt-Reihenmotor, 2294 cm^3, Einspritzung, Leistung 103 kW (140 PS) bei 5750/min, max. Drehmoment 200 Nm bei 2500/min, Brückenrahmen aus Stahl, Upside-down-Gabel, zwei Federbeine, Reifen 150/80 R 17, 240/50 R 16, vollgetankt 362 kg, Tankinhalt 25 Liter, Topspeed 216 km/h, Preis 17 750 Euro (2004), Bauzeit 2004 bis 2017

Für Jäger und Sammler

Als Triumph die Rocket III mit der Euro-3-Norm zu Grabe trug, war für die treue Fan-Gemeinde klar: Meine gebe ich nimmer her! Nun allerdings sind die Karten neu gemischt, und manch wohlgehütetes 2,3-Liter-Schätzchen schlägt beim Vertragshändler auf – weil der flammneue 2,5-Liter-Eimer her muss! Mindestanlage bei Scheckheftpflege und akzeptabler Laufleistung unter 50 000 km: 8000 Euro

Der längseingebaute Dreizylinder mit 2,3 Litern Hubraum und 200 Nm Drehmoment raubte nicht nur der Konkurrenz den Atem

HJC
rukka
GORE-TEX

Was hat der Aufsehen erregende und in gewisser Weise verwegene C1 von BMW mit der unfassbar edlen Honda Walkyrie Rune oder der kunstvoll designten Aprilia 6.5 von Starck gemeinsam? Nicht sehr viel. Vielleicht könnte man diesen Geräten eine überdurchschnittliche Ausprägung im Sinne der Originalität andichten. Aber wie passt da eine Honda Varadero, eine Kawasaki ER-5 oder eine Triumph Bonneville dazu? Auf den ersten Blick gar nicht. Und dennoch sind diese Maschinen alle im letzten Kapitel dieses Buches zusammengefasst. Da es heutzutage en vogue ist, einen geheimen Plan im Hintergrund zu vermuten, möchte ich jeder sich zusammenbrauenden Theorie gleich den Wind aus den Segeln nehmen: Die Rubrik »Perlen, Beulen und Stelzen« ist mit Motorrädern bestückt, die mich faszinierten, aber nicht gut genug in die Kapitel »Aufrechte Vollstrecker«, »Gebückte Fraktion« oder »Freiheitseisen« passten. Das ist die unspektakuläre, aber reine Wahrheit. Mehr steckt da nicht dahinter. Das schwöre ich beim Augenlicht Bumstis, des besten Goldhamsters der Welt.

PERLEN BEULEN STELZEN

BMW C1 von 2000: Ohne Helm aufs motorisierte Zweirad!!! Der C1 wäre was für die »Born-to-be-wild-Fraktion« gewesen, wurde dafür aber komplett falsch vermarktet

BEULE DE LUXE

Tagebuch-Eintrag 4.6.2000: »Mit einer ordentlichen Bremse könnte man vor der Ampel mit dem C1 einen spektakulären Stoppie samt Purzelbaum zelebrieren.«

Das dritte Jahrtausend eröffneten die Bayerischen Motorenwerke mit einem Paukenschlag: Sie rollten den revolutionären C1 an den Start. Das Umstürzlerische daran war nicht die Motorleistung (der Achtelliter-Rotax leistete konservative 15 PS) und auch nicht die Form. Der C1 konnte ja durchaus als jüngste Evolutionsstufe der Kleinfahrzeuge mit Dach gesehen werden. Knapp 50 Jahre nach Isetta und Heinkel-Kabine brachte ein Hersteller halt wieder eine eiförmige Beule, die sich mittels Verbrennungstechnik bewegte. Aber: Der C1 war kein Dreiradler, sondern einspurig, und man durfte ihn ohne Helm fahren. Keine Frage, im Jahr 2000 war das Sicherheitsdenken vom heutigen Grad der Entmündigung noch weit entfernt, aber »oben ohne« Motorradfahren war seit den 80er-Jahren etwas sehr Verwegenes und in gewisser Weise Asoziales. Der Gedanke »Ist eh egal, wenn sich ein paar Unverbesserliche den Schädel anhauen, aber warum soll die Allgemeinheit für ihre Gesundheitskosten aufkommen?!« fiel nicht nur im Lager der Biedermänner und Vollspießer auf fruchtbaren Boden und war wie ein Potenzmittel für die Zeigefinger dieser Welt, sondern auch Menschen mit einem breiten Toleranzspektrum fanden die Helmpflicht sinnvoll und gut. Die Propagierung der helmlosen Fahrt im Sinne unbändiger Freiheitsliebe hätte ich damals am ehesten noch Harley-Davidson zugetraut, aber ganz sicher nicht BMW. »Denen geht es ja nicht um die Freiheit, sondern darum, dass der Business-Horst mit der Gel-Frisur wie aus dem Ei gepellt dort ankommt, wo keiner von uns jemals hin möchte«, erklärte mir Sepp Unterholzner, ein glühender Verächter von Geschäftsterminen. Er hatte damals bereits 17 Semester »Soziologie« am Buckel, aber vom Abschluss des Studiums war er noch weit entfernt, weil er unter gar keinen Umständen als uniformes Glied der Leistungsgesellschaft verkannt werden wollte.

Alles klar. Mir gefiel die legale Helmlosigkeit. Bravo BMW! Allerdings fand ich es albern, dass man sich in der ästhetisch nicht ganz einwandfreien Beule angurten musste. Und zwar doppelt. Ein Gurt von links nach rechts, einer von rechts nach links. Hmm. Wie sollte ich mich da im Falle eines Sturzes von der Maschine trennen? Gar nicht. Diese so mühevoll erlernte und bestens erprobte Handlungsautomatik (»Lass die Reibe aus, wenn du schlitterst!«) wurde mit dem C1 ad acta gelegt. Saß man im bayerischen Dachlroller, hatte man beim Stürzen nichts weiter zu tun, als drei Ave-Maria zu beten oder an etwas Schönes zu denken. Keinesfalls durfte man die Arme im Reflex aus der außer Kontrolle geratenen Fahrerzelle strecken, weil sich sonst der Über-

rollkäfig als Knochenbrecher wichtigmachen hätte können. Sepp analysierte: »Und selbst wenn man so stark wie der Comic-Held Wastl wäre, könnten die doppelten Gurte den Schultergürtel samt Schlüsselbeinen bei der Tätigkeit des Abstützens in Mitleidenschaft ziehen. Schließlich hängen am verzurrten Körper 201 Kilo dran.«
Das hohe Gewicht des C1 war auch an der Ampel kein Bringer. Das Rotax-Achterl musste bei Grün eine erhebliche Masse vom Fleck ziehen und schaffte das selbstverständlich nicht raketenartig, sondern eher wie etwas, das den »Höher, schneller, weiter, stärker«-Gedanken strikt ablehnte. Selbst Sepp sah darin ein Problem: »Auch Menschen ohne Wettbewerbsgen werden nicht gerne hergerichtet, eingestampft, durchgereicht oder degradiert. Und einer im Anzug mit genageltem Schuhwerk, der ständig darum kämpft, die anderen im Business zu überflügeln, schon gar nicht. Wenn den das erste Mal die Frau Svoboda mit dem rostigen 125er-Chopper an der Ampel abzieht, kündigt er drei Angestellten oder brüllt zu Hause den Wellensittich an.«
BMW stattete dann den C1 mit einem 200er-Motor aus, aber dieser Boost reichte nicht aus, um auf die Erfolgsspur zu wechseln. Nach drei Jahren wurde die Produktion sang- und klanglos eingestellt. Heute gibt es viele Stimmen, die das »Er war seiner Zeit voraus«-Lied singen, aber trotz der leicht ins Ohr gehenden Melodie sperrt sich etwas in mir dagegen. Für mich war der C1 ein spektakulärer Versuch, das motorisierte Zweirad »wetterfest« und zugleich »frisurfreundlich« zu machen, aber auch heute würde so etwas im Verkauf kein Renner werden. Möglicherweise irre ich mich, aber eines steht fest: Wer am Sozius eines C1 mitfahren musste, hatte die A-Karte gezogen. Er saß hinter dem Aufbau. Mit zerdrücktem Haar unterm Helm.

Das Heck des C1 verlangt Entscheidungskraft: Topcase oder Sozia.

C1

DATEN

Einzylinder-Viertakt-Motor, 125 cm^3, Einspritzung, Leistung 11 kW (15 PS) bei 9300/min, max. Drehmoment 12 Nm bei 6500/min, Alu-Rahmen mit Fahrerzelle, Telelever-Gabel, Zweiarm-Triebsatzschwinge mit zwei Federbeinen, Reifen 120/70-13, 140/70-12, Gewicht vollgetankt 201 kg, Tankinhalt 9,7 Liter, Topspeed 106 km/h, 0–80 km/h 12,3 sek, Verbrauch 3,4 l/100 km, Preis 5463 Euro (2000), Bauzeit 2000 bis 2004

Für Jäger und Sammler

Als skurriles Zweirad ereilte den C1, trotz des verkaufsfördernden BMW-Propellers auf der Flanke, das übliche Schicksal als Ladenhüter! Auch der angestrengt wirkende, auffällig dröhnende Motor gewann keine Freunde. Laufruhiger wurde es mit dem 200er-C1 (176 cm^3, 18 PS), aber auch der riss es nicht mehr raus. Sein Comeback erlebt die»Knutschkugel 2.0« als Gebrauchte – der C1 ist heute eine gesuchte Rarität – top gepflegt ab 3000 Euro!

BMW C1 VON 2000

Das Gerücht, dass der bayerische Dachroller im Jahr 2000 von der weltweiten Vereinigung der Friseure zum Motorrad des Jahres gewählt wurde, hielt sich länger als der C1.

BMW F 650 GS von 2000. Der erste Einzylinder mit Einspritzung funktionierte prächtig. Die kleine GS degradierte ihre Vorgängerin deutlich.

DER MEILENSTEIN

Tagebuch-Eintrag 20.5.2000: »Meine Einschätzung, dass die Einspritzung das Kettenschlagen der 650er-BMW weiter in Richtung Drama verschieben würde, war einfach nur falsch!«

Die erste F 650 hatte es bei mir nicht leicht gehabt. In meinen Augen war diese sogenannte Funduro mit ihrem eigenartigen Tank die Eisen gewordene Umsetzung der Idee einer Beule. Und dann war da noch die Motorcharakteristik, die mich entsetzte. Dass die Maschine im Wesentlichen eine Pegaso war, in Italien von Aprilia gefertigt wurde und einen Rotax-Motor hatte, war mir – im Gegensatz zu manch eingefleischtem BMW-Liebhaber – vollkommen egal, aber das störrische Kettenschlagen unterhalb von 3000/min empfand ich als feste Niederlage. Der gedankliche Ausweg in Richtung eines Defekts entpuppte sich als Sackgasse, an deren Ende mit großen Buchstaben stand: »Das ist ganz normal!« Ja, Himmel, der Motor hatte ohnehin ein urbescheidenes Drehzahlband (die Maximalleistung von 50 PS stand bereits bei 6500/min an), und dann konnte man die Hälfte davon einfach vergessen, weil der Einzylinder unten unwillig stotterte und stampfte wie ein alter Traktor! Na, bumm. Ich gab meinem Freund Tom seine geliebte F 650 nach kurzer Probefahrt zurück und sagte diplomatisch: »Bei Motorrädern werden wir uns wohl nie in die Quere kommen.«

Als BMW dann im Jahr 2000 die F 650 GS an den Start schob, sah ich schwarz, wie man so sagt. Dass die Maschine in München entwickelt und in Berlin gefertigt wurde, war sicher positiv im Sinne der Kundschaft, aber mich versetzte die Meldung vom Weglassen des Vergasers in erhöhte Alarmbereitschaft. Bisher hatten alle Hersteller die Finger von der Einzylinder-Einspritzung gelassen. Aus gutem Grund, wie ich meinte. Denn die digitalen Schärfen in der Gasannahme machten damals selbst aus elastischen, gutmütigen Mehrzylinder-Motoren irgendwie ruppige, ungeschmeidige Triebwerke. Welchen Effekt die Umrüstung von Vergaser auf Einspritzung bei einem schon von Haus aus zum Stottern, Rupfen und Schlagen tendierenden Einzylinder haben würde, konnte man sich leicht ausmalen.

So gesehen war die Überraschung beim Test dann wirklich groß. Der 650er-Rotax, der jetzt auch in der GS Verwendung fand, hing nämlich wunderbar weich am Gas und zeigte auch bei 2000/min eine Geschmeidigkeit, die ich ihm niemals zugetraut hätte. Wow! Was für eine komfortable, nutzerfreundliche Motorabstimmung, was für ein freundliches Entgegenkommen, was für eine Verbesserung! Im Vergleich zur alten F 650 fühlte sich die neue mit GS-Kürzel eher wie ein Reihenzweizylinder an, der von unten bis oben brillant funktionierte. Keine Frage, Leistung und Drehmoment hoben die »Ge-

Dem 650er Rotax-Single bekam die Einspritzung richtig gut.

ländesport«-650er nicht in die Liga der Maschinen, die Angst und Schrecken verbreiteten, aber hart austeilen in der Stadt war locker möglich und weit wegfahren eigentlich auch, sofern man selber nicht wahnsinnig groß und schwer war. Ein 190er-Brocken mit 150 Kilo hätte auf der kleinen GS mit 780 mm Sitzhöhe schon irgendwie Platz gefunden, aber besser passte mit Sicherheit ein etwas weniger aufgeblasener Körper drauf. Für die Kisten und Schränke unter den Menschen gab es ohnehin die 1150er-GS, die mit 271 kg fahrfertig und 85 PS die Klasse der Reiseenduros dominierte.

Und ganz im Gegensatz zur F 650, die man meiner Meinung nach nur wegen des Propeller-Brandzeichens am Tank der BMW-Herde zuordnen konnte, war die neue jetzt eindeutig eine »kleine GS«. Der Abstand zum immer hungrigen Zehnkampf-Prügel war erheblich, aber dennoch gehörte die kleine,

DATEN

BMW F 650 GS VON 2000

Wassergekühlter Vierzylinder-Viertakt-Reihenmotor, 652 cm³, Einspritzung, Leistung 37 kW (50 PS) bei 6500/min, max. Drehmoment 60 Nm bei 4800/min, Brückenrahmen aus Stahl, Telegabel, Zentralfederbein mit Hebelsystem, Reifen 100/90 R 19, 130/80 R 17, Gewicht vollgetankt 202 kg, Tankinhalt 17,3 Liter, Topspeed 170 km/h, Preis 13 438 Mark (2000), Bauzeit von 2000–2007

Für Jäger und Sammler

Die Auswahl für den BMW-Single ist auf den Gebrauchtbörsen stattlich. Allerdings ist der Bayern-Eintopf auch sehr preisstabil. Ernsthafte Angebote mit dem Zusatz»reisefertig, aufsitzen, losfahren« starten bei 3000 Euro, auf dem Tacho stehen aber mindestens 50 000 km. Für die schicke Dakar-Version mit 21-Zöller vorn müssen im Schnitt 1000 Euro mehr kalkuliert werden – sie ist eindeutig das kommende Sammlerstück.

hübsche Schwester eindeutig zur Familie. Kommt ja häufig vor: Der Bruder haut sich die Knödel in die Figur, bis es ihm den Pansen aufbläst und er vor Sattheit leicht zu schielen beginnt, die Schwester zupft am Salat, schaut auf ihre Linie und hält sich mit Gymnastik fit. Dennoch erkennen Außenstehende sofort die Gemeinsamkeiten.

Dass die erste F 650 GS für mich ein Meilenstein ist, hat jetzt aber weniger damit zu tun, dass sie so gut zur großen GS passte, sondern dass sie der erste eingespritzte Einzylinder im Serienbau war. Applaus und Anerkennung verdient auch die Tatsache, dass der Rotax-Single mit Einspritzung deutlich weicher und elastischer funktionierte als mit Vergaser. Bemerkenswert fand ich weiters die Lösung mit dem Tank im hinteren Teil der Maschine, und dass die F 650 GS trotz langer Federwege eine serienmäßige Sitzhöhe von 780 mm lieferte, war sowieso ein Geniestreich. Somit war ab sofort die ideelle Weltumrundung für Kurzbeinige auch ohne Stufenhocker planbar.

Trotz langer Federwege hatte die 650er GS eine Sitzhöhe von 780 mm. Und das Stehendfahren fiel auch leicht.

Cagiva Gran Canyon 900 von 1999. Die große Schlucht schlug viele in die Flucht! Der italienische Stelzenbock war definitiv schneller, als er aussah

BLUNZENKILLER

Tagebuch-Eintrag 6.5.1999: »Die Cagiva mit dem 900er-Desmo fährt über schwere Blunzen einfach drüber.«

Ende des zweiten Jahrtausends entwickelten sich die »Big Enduros« zu einer marktbestimmenden Macht. Viele Fahrer, denen Sportmotorräder zu wenig bequem, zu wenig abenteuerlich und zu wenig erhaben waren, fanden bei den großen Reisemaschinen mit Enduro-Abstammung ihr Zuhause, das sie jederzeit im Gedanken an eine Weltumrundung verlassen konnten, auch wenn sie nur bis ins Büro kamen. Das Großartige und Gewinnende an diesen Stelzenmaschinen war der breite Einsatzzweck. Wer sich für eine »Big Enduro« entschied, bekam ein Gerät, das wie keine andere Gattung alle Terrains beherrschte. Egal, ob man eine scharfe Fahrt in den Alpen inklusive Gipfelsieg anpeilte, die sibirische Tundra erkunden wollte, sich nach den Weiten der Mongolei sehnte oder einfach nur viel Wert auf eine erfüllende und aufmunternde Fahrt zur Arbeit legte, mit einer großen Reiseenduro hatte man alle Möglichkeiten, da standen einem alle Wege offen – im wahrsten Sinne des Wortes.

Dass die vom Rennsport begeisterten und wirtschaftlich sehr versierten Castiglioni-Brüder diesen Trend nicht ignorierten, sondern mit der Gran Canyon 900 unter ihrer Eigenmarke (CAstiglioni GIovanni VArese) eine straßenorientierte »Big Enduro«, die es allen besorgen sollte, an den Start rollte, war klar. Und der Plan ging auf. Mit ihren 68 PS aus dem vollkommen ausgereiften und für einen V2 sehr elastisch agierenden 900 SS-Motor von Ducati war man für die damalige Zeit und das Segment sehr gut motorisiert. Leistung, Drehmoment, Durchzugstärke, Gasannahme, Ansprechverhalten und insgesamt das »Motorgefühl« waren schlicht großartig. Lediglich die Kupplung, die Ducati-typisch viel Handkraft verlangte, bedurfte einer gewissen Leidensfähigkeit oder halt eines Popeye-würdigen Unterarms. Auch beim Fahrwerk gab sich Cagiva keine Blöße: Sachs-Boge-Federbein und Marzocchi-Gabel mit 170 mm Federweg. In Verbindung mit dem 19-Zoll-Vorderrad ergab das eine durchaus komfortable Reiseausrichtung selbst auf schlechten Straßen, aber auch viel sportliches Potenzial, da die Federelemente sehr gut abgestimmt waren: sensibles Ansprechverhalten, progressive Dämpfung, um im harten Gefecht nicht schwammig zu werden oder gar in die Knie zu gehen. Ein entscheidender Vorteil gegenüber den mächtigen Platzhirschen (BMW R 1100 GS/R 1150 GS, Honda Varadero 1000) war das Gewicht. Mit vollem 20-Liter-Tank brachte die Cagiva rund 230 kg auf die Waage, die Bayerischen waren um ein ganzes Zementsackerl – also rund 50 kg – schwerer,

Der Ducati-L2 passte einfach perfekt zur Gran Canyon.

die Varadero immerhin noch um 35 kg. So gesehen darf der sich aufdrängende Kinderreim »Die große Schlucht ist eine Wucht« nur metaphorisch im Sinne der Performance interpretiert werden, rein von der Erscheinung her und bezogen auf die tatsächliche Masse war die Gran Canyon im Vergleich zur Konkurrenz fast zierlich. Und unbesiegbar. Auf harschen Bergwertungen, bei denen es sportlich zur Sache ging, spielte selbstverständlich das Gewicht eine große Rolle (auch deshalb, weil damals kein Hersteller überbordende Leistung in Reiseenduros einfüllte), aber auch beim Fahrwerk und der Bremserei war die Cagiva klar in Führung. Für kompetitive Fahrer, die der Herbrennung von jeglichen Maschinen hohe Priorität einräumten, war die »große Schlucht« alles andere als ein Abgrund. Sie war ein Geschenk des Himmels. Aufrecht sitzend vollkommen entspannt im Winkelwerk Gebückte zu richten, war kein Ding der Unmöglichkeit, sondern sehr wahrscheinlich, sofern der Supersport-Fahrer kein äußerst kampferprobter Meister seines Fachs war.

Vielleicht war das lange, weite Reisen mit Zimmer, Küche, Kabinett in Topcase, Seitenkoffern und Tankrucksack auf den schweren, wuchtigen »Blunzen« besser als auf dem italienischen Stelzensportler, aber da fehlt mir ehrlich gesagt etwas die Expertise. Ich bin halt meistens lieber mit wenig Gepäck schnell gerast als voll aufgepackelt weit gereist.
Dass die Gran Canyon 900 nur zwei Jahre lang gebaut wurde (1998 bis 2000) darf zeitgeschichtlich als echte Niederlage gewertet werden. Die Stelzenmaschine mit dem 900er-Desmo-V2 gewann jede Bergwertung gegen die Konkurrenz und hätte wohl noch jahrelang viele sportliche Herzen im Sturm erobert. Allerdings standen ab 2000 den Castiglionis, die Ducati an die Texas Pacific Group verkauft hatten, keine Motoren aus Bologna mehr zur Verfügung. Und die Cagiva Navigator 1000, also der Nachfolger mit dem Suzuki-V2, war leider nicht ganz so gut.

CAGIVA GRAN CANYON 900 VON 1999

DATEN

Zweizylinder-90-Grad-V-Motor, 904 cm^3, Einspritzung, Leistung 50 kW (68 PS) bei 7000/min, max. Drehmoment 7800 Nm bei 5500/min, Brückenrahmen aus Stahl, Telegabel, Zentralfederbein, Reifen 110/90 R 19, 150/70 R 17, vollgetankt 232 kg, Tankinhalt 20 Liter, Topspeed 180 km/h, Preis (2000) 18 895 Mark, Bauzeit 1998 bis 2000

Für Jäger und Sammler

Der Gabentisch ist öd und leer, gar traurig schauen Interessenten einher … Ein nennenswerter Gebrauchtmarkt für die Cagiva ist nicht existent. Online werden circa zehn Gran Canyon angeboten, die dafür bezahlbar und mit teilweise überschaubaren Laufleistungen. Doch Obacht, die Ersatzteilversorgung ist abseits des Motors sehr schwierig.

Die Gran Canyon mit dem luftgekühlten SS-Motor, dem sportlichen Chassis und dem vergleichsweise geringen Gewicht war klar in Führung. Aber sie wurde nur zwei Jahre gebaut.

SHOEI
alpinestars

Honda DN-01 von 2008. Ist das etwa der Silver Surfer? Mit ihrem interstellaren Design machte die Honda DN-01 definitiv mehr Tempo, als ihr V-Zwo-Motörchen hergab

DIE EINZIGE IHRER ART

Tagebuch 24.7.2008: »Es stimmt schon, dass die neue Surfcouch des Flügelimperiums eine Leiche ist, aber irgendwie fasziniert sie mich.«

Automatikfuhren waren für mich immer Krücken. Feuer zu geben, ohne die Gänge manuell durchzureißen, machte mir nur Spaß, wenn ich einen gewaltigen Vierzylinder unter mir hatte, der im sechsten Gang von 50 km/h auf weit über 200 beschleunigte. Das war mächtig und mitreißend, aber die Riemenautomatik der Roller begeisterte mich nicht. Im Gegenteil. Die sogenannte Variomatik hatte sicher einen großen praktischen Wert im urbanen Ballungsgebiet, aber erstens erinnerte mich die Dynamik immer irgendwie an eine marode, schleifende Kupplung, die keinen sauberen Kraftschluss herstellen konnte, und zweitens war da noch eine unverzeihliche Eigenheit: Sie kostete Leistung! Ein echtes No-Go. Ich lebte in einer Welt, in der man Leistung suchte und fand, und nicht in einer, in der man Leistung für Komfort opferte.

So gesehen hatte es die Honda DN-01 natürlich nicht ganz einfach bei mir. Von den 65 PS, die der 680 Kubik große V2 in der Deauville hatte, blieben bei der DN-01 wegen des Automatikgetriebes nur 61 über. Eine Niederlage! Allerdings – und das rechnete ich der eigenartigen Maschine hoch an – war da keine Variomatik eines Großrollers verbaut wie bei der Aprilia Mana zum Beispiel, sondern ein eigens für Motorräder entwickeltes, patentiertes System des Flügelimperiums mit Hydraulikpumpe, Hydraulikmotor und stufenlosem Getriebe! Und abgesehen davon, dass der Deauville-Motor sowieso schon kein potenter Sportler war und durch den physikalisch bedingten Kraftverlust in der Automatik zusätzlich geschwächt antrat, war der Ritt auf der DN-01 ein Augenöffner, eine Offenbarung, eine Erweiterung meines Horizonts. Ja, Himmel, ich surfte mit der brustschwachen Automatikcouch durch die Welt und war wirklich glücklich!

Die lange, tiefe Flunder ließ sich trotz des enormen Gewichts von 270 kg, dem flachen Lenkkopfwinkel, dem nach hinten geführten Scheibtruhenlenker, der vorverlegten Trittbretter und der fetten Bereifung erstaunlich einfach bewegen. Beim langsamen Rodeln in der Stadt war die DN-01 überhaupt nicht kippelig, beim etwas forscheren Anrauchen im freien Land konnte man bis zum nicht allzu späten, aber auch nicht allzu frühen Warnschleifen der Trittbretter wunderbar durch die Radien gleiten. War in der Tat eine Freude. Weniger gut war das Gefühl im Sattel, wenn die Straße steil bergauf führte. Da habe ich dann schon einmal meine gute Erziehung vergessen und in den Helm gebrüllt: »Reiß endlich an, du hiniches Häusl! Das ist ja ein Drama! Wofür hast du 680 Kubik?! Jetzt brennt uns tatsächlich ein Einzylinder her!«

Der Deauville-Motor mit der »Human Friendly Transmission«-Automatik, die sich nicht durchsetzte.

Den Gedanken mit dem hinichen Häusl, das so viel bedeutet wie unwürdiger Schlapfen, lahme Gurke, fürchterliche Krücke, Schweine-Eimer etc., hatte ich auch an der Ampel. Da war die DN-01 einfach nicht Weltklasse. Keine Frage, für Bürgerkäfige hat es locker gereicht, aber wer der Automatikcouch eine katapultartige Beschleunigung andichtete, war ein Realitätsverweigerer.

Dennoch hat sich die DN-01 so fest in meiner Seele ausgebreitet, dass ich noch heute gerne an sie denke. Nicht nur das mutige und aufsehenerregende Design mit Haifisch-Front und die gelungene Fahrwerksauslegung mit kardanisierter Einarmschwinge ließen mich schwärmen, sondern auch die neue Art des schaltlosen Gleitens. Das war sehr entspannend und belebend. Da brauchte es keinen Adrenalinkick, um sich gut zu fühlen. Und weil ich gerne Blödsinn denke, dachte ich mir oft genug, wenn die Leute mit dem Finger auf mich und die Honda zeigten, dass ich der weltberühmte und berüchtigte intergalaktische Silver Surfer wäre. Ich dachte aber auch an die Zukunft. War dieses hydraulische Getriebe der Vorbote einer neuen Generation von Motorrädern? Würde die Gold Wing, also das Mutterschiff des Flügelimperiums, bald auch mit Automatik kommen? Ein Honda-Techniker erklärte mir, dass das HFT (Human Friendly Transmission) der DN-01 nicht für stärkere Motorräder geeignet sei. Wenige Jahre später kam das Doppelkupplungsgetriebe DCT.

Heute weiß ich, wie großartig das DCT funktioniert und wie sehr es das Fahren in die automatische Richtung bringt, aber dennoch wundere ich mich, dass nicht wenigstens irgendein Scooter die Fahnen des HFT weiter hochhalten durfte.

So gehört der DN-01 bis heute das Attribut »einzigartig« vollkommen zu Recht. Und: Ich hätte heute wahnsinnig gerne eine in der Garage stehen.

HJC
rukka
GORE-TEX

DATEN

Zweizylinder-V-Motor, 680 cm³, Einspritzung, Leistung 45 kW (61 PS) bei 7500/min, max. Drehmoment 64 Nm bei 6000/min, Doppelschleifenrahmen aus Stahl, Telegabel, Zentralfederbein mit Hebelsystem, Reifen 130/70-17, 190/50-17, vollgetankt 270 kg, Tankinhalt 15,1 Liter, Topspeed 170 km/h, Preis 11 790 Euro (2008) , Bauzeit von 2008 bis 2010

Für Jäger und Sammler

Sagen wir es so hart, wie es ist: Die DN-01 war ein veritabler Flop, der nach extrem kurzer Bauzeit wieder im Motorradhades verschwand. Aber wie so häufig (Stichwort: BMW C1) haben gewagte Konzepte ein zweites Leben. Dann werden die wenigen Exemplare zu gesuchten Raritäten. Aber nun nicht an die wertsteigernde Anlage denken, davon ist die DN-01 noch weit entfernt. Hier geht es ums Aufsitzen, Abfahren, Auffallen. Einstiegspreis für die unkaputtbare Honda-Technik: ab 5000 Euro.

HONDA DN-01 VON 2008

Mörder Design, mörder Konzept, mörder Flop. Die DN-01 war aber ein mächtiger Eye-Catcher und ein Vorbote des kupplungslosen Fahrens.

Honda Silverwing von 2001. Zu zweit mit Gepäck auf den Großglockner … ja, auch das ging mit dem Silverwing. Wahlweise aber auch die knieschleifende Hang-off-Partie

KURS-WECHSEL

Tagebuch-Eintrag 3.3.2001: *»Mit der kleinen Gold Wing schielt Honda auf die Autofahrer. Das ist eigentlich ein Skandal!«*

»Die Leute müssen erst lernen, was das ist. Das ist keine Supersport-600-Maschine. Heute in der Früh habe ich tatsächlich einen gesehen, der bei der Sitzprobe getestet hat, ob der Silverwing hang-off-tauglich ist und zum Knieschleifen taugt. Wir müssen wohl noch viel Aufklärungsarbeit leisten«, sagte mir Christophe Baillien im Rahmen der Präsentation des brandneuen Silberflügels im Süden Europas 2001. Ich musste schmunzeln. Christophe war Pressesprecher von Honda Europe und an und für sich ein Top-Mann, der sich wirklich gut auskannte, aber in diesem Fall hatte er offensichtlich den Überblick verloren, denn derjenige, der gleich beim Aufsteigen den Hang-off probiert hatte, war nämlich ich. Selbstverständlich hätte ich ihn darauf hinweisen und ihm meine Beweggründe aufschlüsseln können (»Den Silverwing am Knie zu fahren, wäre zwar keine artgerechte Haltung, dafür aber ein aufsehenerregendes Foto im Sinne des Showbiz«), doch ich wollte ihn in seinen Ausführungen nicht stören. Erst als er sagte, dass die Armaturen des Silverwing derart gestaltet sind, dass sich Autofahrer nicht umstellen müssen, weil sie mehr oder weniger das Gleiche sehen wie in ihrem Bürgerkäfig, ergriff ich die Flucht. Ja, Himmel, was war denn da los? Hatte das Flügelimperium den Fokus verloren? Wie konnte der gemeine Autofahrer – quasi das »Feindbild« der Motorradfahrer – als Zielgruppe verstanden werden?

Nach tiefen Zügen aus meiner Pfeife setzte ich den Jethelm auf, stieg auf die silberne Fuhre, startete den 600er-Zweizylinder und gab einfach Gas. Ohne Schalten zog das bequeme Sofa bis 170 am Tacho durch. Nicht schlecht. Dass die Kraftübertragung von einer Variomatik erledigt wurde, war in der Rollerwelt ganz normal (Hondas DCT war noch in weiter Ferne – zeitlich gesehen) und kein Grund zur Trauer. Auch das relativ hohe Gewicht von über 240 Kilo ging für mich in Ordnung. So lange man selbst nicht in den Supersport-Modus wechselte, sondern den Flügel entspannt abfeuerte, gab es keinen Grund zu meckern. Ich verstand den Roller als kleine Gold Wing. Weniger Leistung, weniger Image, aber auch weniger Gewicht und viel weniger Geld. Der großzügig bemessene Stauraum, die ultrabequemen, breiten Sitzflächen für Fahrer und Mitfahrer, die ruckfreie Variomatik und der gute Windschutz prädestinierten den Silverwing für ausgedehnte Ausflüge und Touren. Dabei durfte man aber nicht vergessen, dass von den 50 Pferdestärken gefühlt nur 30 übrig blieben, wenn man doppelt besetzt mit Gepäck den Großglockner zu erklimmen hatte.
Die größte Hürde für mich war die Ausstrahlung. Roller als urbane Zweckmittel und verlässliche Pendlerfahrzeuge konnte ich akzeptieren, aber verglichen mit einem Motorrad war das genau gar nichts. In meinen Augen. Ich konnte mir beim besten Willen nicht vorstellen, dass irgendjemand seine VFR verkauft und auf so ein Sofa umsteigt. Aber genau das passierte in der Folge. Die großen Roller

wie der Silverwing (Yamaha hatte kurz vorher den TMax 500 an den Start gerollt, Suzuki folgte etwas später mit dem 650er-Burgman) zielten möglicherweise wirklich darauf ab, Autofahrer abzuholen, aber de facto wurden sie eher von Motorradfahrern als Alternative erkannt. Wer nicht (mehr) am letzten Fetzen ums Eck biegen musste, wie man so sagt, wem die dauernde Schalterei auf die Nerven ging, wer geschmeidige Performance, guten Windschutz und viel Stauraum wollte und dabei nicht in die kostenschwere und gewichtsträchtige Liga der Luxustourer à la Gold Wing drängte, war mit den Großrollern wirklich gut bedient. »Gewinnen will ich eh nichts mehr. Und alles andere kann der Roller in Summe einfach besser. Ich weiß schon, dass du das nicht verstehen kannst, aber ich finde auch die Optik richtig gut«, sagte mir damals ein schon etwas abgeklärter Motorradfahrer. Ich nickte, brauchte aber meine gesamte Contenance, um mit der Wahrheit, die ja nicht notwendigerweise kommuniziert werden musste, hinterm Berg zu halten: »Oida, bevor ich mein Motorrad für eine Rollerbeule in Rente schicke, verzichte ich auf den Verzehr von geräuchertem Schwein. Beides wird nie passieren!«

Von meiner persönlichen Befindlichkeit abgesehen, stehen Großroller heute hoch im Kurs. Pioniere wie der Silverwing und der Burgman werden zwar nicht mehr produziert, aber Killer wie Forza 750 und X-ADV sowie TMax und Tech-Max sind allzeit bereit, es mit Motorrädern aufzunehmen.

Praktische Ablagefächer und übersichtliche »Auto«-Armaturen hin oder her, die Optik des Lenkers war eine harte Prüfung für Ästheten.

Das Hauptklientel für Großroller waren nicht – wie beabsichtigt – die Autofahrer, sondern abgeklärte Motorradfahrer, die es etwas gemütlicher und komfortabler angehen wollten.

HONDA SILVERWING VON 2001

DATEN

Wassergekühlter Zweizylinder-Viertaktmotor, 582 cm^3, 37 kW (50 PS) bei 7000/min, Einspritzung, Fliehkraftkupplung, Variomatik, Stahlrohrrahmen, Telegabel, Aluguss-Schwinge mit zwei Federbeinen, Reifen vorn 120/80-14, hinten 150/70-12, Gewicht 243 kg, Tankinhalt 16 Liter, 0–100 km/h: 8,4 s, Vmax: 162 km/h, Verbrauch 6,1 Liter/100 km, Preis (2001) 7995 Euro, Bauzeit 2001 bis 2010

Für Jäger und Sammler

Ein gebrauchtes Motorrad kaufen? Selbst Unerfahrene haben Problemzonen schnell ausgemacht. Anders bei Rollern, die ganzjährig als 24/7-Gerät maltrātiert werden und böse Baustellen unter dem Plastikkleid verbergen. Erschreckend: Selbst (Vertrags-)Händler offerieren solche Bastelbuden (»Occasion für Selberschrauber«). Wer das Wagnis sucht, zahlt 2000 Euro. Wer nicht, muss den Einsatz verdoppeln.Euro.

Honda Valkyrie Rune von 2004. Make Honda great again? Ein Skandal, dass die Japaner dieses mächtige Stück Schwermetall nur in den USA verkaufen wollten. Denn die Valkyrie Rune fand auch in Europa ein paar Fans

DER SCHREI

Tagebuch-Eintrag 5.6.2004: »Sicher war es ein Akt der Barbarei, die Valkyrie auf die Rasten zu legen, aber ich wollte mich ihr nicht widersetzen.«

Als Honda Österreich die Valkyrie Rune im Garten eines Landgasthauses präsentierte, blieb mir das feine Wiener Schnitzel im Hals stecken. Ja Himmel, was war das für eine ausgezuckte, wahnsinnig edle Fuhre! Gold-Wing-Sechser-Boxer, mörderische Einarmschwinge mit fetter Felge, tief verchromte Gabel mit gezogener Kurzschwinge, zwei 330er-Bremsscheiben vorne und dazu ein einzigartiger Scheinwerfer, der mich augenblicklich an das berühmte Bild von Edvard Munch denken ließ: Der Schrei. Kurz hörte ich noch im Geiste den alten Professor aus der Mittelschule triumphieren (»Siehst du, ich habe es dir immer gesagt, dass man im Kunstunterricht etwas fürs Leben lernt!«), dann aber übernahm die Valkyrie das Kommando in meinem Hirn und ließ mich in feinstem Deutsch einen Satz aussprechen, der die Maschine in ihrer Gesamtheit verdichtend erfasste: »Pfah, was für ein urarger Ofen!«

Ich war wirklich erledigt. Keine Frage, das Flügelimperium hatte immer schon großartige Motorräder gebaut, die nicht nur wegen ihrer nahezu unzerstörbaren Qualität und enormen Zuverlässigkeit weltweit tiefen Eindruck hinterließen, sondern durchaus auch im Sinne der Performance und des Charismas punkteten, aber dass Honda so was wie die Rune vom Band laufen lässt, hätte ich nie geglaubt. Das war Customizing in seiner besten Form. Gewaltig.

Was war mit dem Flügelimperium? Ich weiß es nicht genau. Ich vermute aber, dass man den Amerikanern zeigen wollte, dass Honda nicht nur die besten Motorräder im Sinne der Technik baut, sondern auch bei den ausgezuckten Chrom-Eisen jederzeit die Nase vorn haben könnte. Jedenfalls machte Honda USA einen Design-Wettbewerb mit dem Sechszylinder-Boxer, und die siegreiche Rune wurde dann in einer limitierten Auflage von 1500 Stück gebaut. Nur für den US-amerikanischen Markt. Europa war nicht im Plan. Dass es trotzdem 20 Stück dieser extrem exklusiven und auch teuren Edelfuhre sogar ins kleine Österreich schafften, war wohl nur wegen des großen Einflusses und des unbedingten Einsatzes des damaligen Honda-Bosses Ing. Roland Berger möglich. Die Argumentationskette und die Wortwahl werden diffizil und diplomatisch gewesen sein, aber sinngemäß darf man sich das so vorstellen: »Ihr baut da ein spektakuläres Sondermodell, das enorme Ressourcen verschlingt, und wollt uns in Europa nichts davon abgeben? Lustige Idee, aber das kann nie sein!«

Als ich nach dem Schnitzel-Einwurf auf die Valkyrie

Das technische Design der Rune war atemberaubend. Das Flügelimperium zeigte den Amis, wozu es fähig wäre, wenn es nur wollte.

Rune stieg, spürte ich jedenfalls eine gewisse Ehrfurcht. Und während der Daumen schon den Startknopf berührte, nuschelte ich leicht nervös schnell drei Mal den im Moment wichtigsten Satz in den Helm: »Hau's ja nicht zsamm!« Dann erwachte der urgeschmeidige, bärenstarke Boxer, den ich aus der Gold Wing sehr gut kannte, zum Leben, ich legte den ersten der fünf Gänge ein, ließ sanft die Kupplung kommen und glitt mit der ärgsten Honda aller Zeiten in die Bergwelt. Die Fahrerei war spielerisch: angenehme Sitzposition, einfaches Handling, komfortorientiertes Fahrwerk, sehr gute, aber nicht zu giftige Kombinations-Bremserei und selbstverständlich ein turbinenartiger Durchzug vom Allerfeinsten. Nach wenigen Kilometern war ich dermaßen eins mit der Rune, dass ich fast alles vergaß. Also den Preis zum Beispiel. Und die Seltenheit. Und wie schwierig es gewesen war, die Maschine nach Europa zu bringen. Nicht vergessen habe ich aber, wie man herbrennt. Also entweder später bremsen als der Vordermann oder früher beschleunigen. Na, da haben einige fest das Aug' aufgerissen, als die gewaltige Honda, die ja niemand kannte, vollstreckte. Ich genoss das sehr, muss aber zugeben, dass es einerseits keine große Leistung war, weil sich die Rune sehr gut bewegen ließ, und dass es andererseits bei aller Freude und Befriedigung schon als Akt der Barbarei bezeichnet werden musste. War es denn wirklich notwendig, die edle Kiste so durch die Berge zu feuern?! Ja, war es. Dass die Rasten relativ früh aufsetzten, war die einzige Schwäche der Valkyrie, die abgesehen davon sehr viel sportliches Potenzial hatte. Und da meiner festen Überzeugung nach Motorräder so etwas Ähnliches wie eine Seele haben, durfte ich die Schwäche keinesfalls in den Vordergrund stellen, sondern musste der Rune das Gefühl geben, dass sie auch im kompetitiven Zentraleuropa kein Opfer ist. Rein äußerlich war sie eine unfassbar durchgestylte Designer-Queen, aber dem Wesen nach war der Name Valkyrie nicht ganz verkehrt. Honda Valkyrie Rune von 2004. Make Honda great again? Ein Skandal, dass die Japaner dieses mächtige Stück Schwermetall nur in den USA verkaufen wollten. Denn die Valkyrie Rune fand auch in Europa ein paar Fans

DATEN

HONDA VALKYRIE RUNE VON 2004

Wassergekühlter Sechszylinder-Viertakt-Boxermotor, Einspritzung, Fünfganggetriebe, Hubraum 1832 cm3, Leistung 87 kW (118 PS) bei 5600/min, Drehmoment 167 Nm bei 4400/min. Alu-Brückenrahmen, Kurzschwingengabel, Alu-Einarmschwinge, Zentralfederbein mit Hebelsystem, Reifen 150/60 HR 18; 180/55 HR 17, vollgetankt 398 kg, Tankinhalt 23 Liter, Preis (2004): 32 990 Euro

Für Jäger und Sammler

Wenn es ein Modell gibt, das auf dem Gebrauchtmarkt nahezu gar nicht vorhanden ist, dann genau diese Honda. Natürlich gibt es ältere 1500er-Gold-Wings in Valkyrie-Ausführung und hier und da auch die noch sehr neuen 1800er-F6C-Valkyrie-Modelle, aber diese, komplett durchdesignte Valkyrie Rune ist eine absolute Rarität. Und wenn sie doch jemand veräußern sollte, ruft er den einstigen Neupreis auf.

Nur sehr wenige Exemplare der auf 1.500 Stück limitierten Wahnsinnsfuhre fanden den Weg raus aus Amerika.

Honda Vigor 650 von 1999: Da die SLR 650 nicht richtig in die Gänge kam, schob Honda die Vigor nach. Es war leider ein sehr kurzer Test und eine kurze Produktionszeit

WIE EIN EINBEINIGER RADFAHRER

Tagebuch-Eintrag 4.4.1999: »Unglaublich. Nach fünf Minuten war die Vigor entehrt.«

Dass mir die Honda Vigor so stark in Erinnerung geblieben ist, liegt nicht daran, dass sie nur zwei Jahre lang produziert wurde und quasi ein verkaufstechnischer Rohrkrepierer des Flügelimperiums war, sondern dass mein Freund Karli sie auf den ersten Metern schrottete. Das entsprechende Telefonat mit der Honda-Presseabteilung hatte hohen Unterhaltungswert: »Sorry, die Vigor ist fetzenhin. Gibt es noch eine im Fuhrpark?« – »Nein. Wie weit seid ihr denn gekommen?« – »Nur zwanzig Meter.« – »Was?!« – »Gleich beim Start ein herrliches 12 o'clock Wheelie, allerdings mit Schlagseite.« – »Ihr seid die größten Trottel, euch kann man nicht einmal mehr einen Einzylinder geben, das ist … piep, piep, piep.« Die Stimme Hondas legte auf. Wahrscheinlich sicherheitshalber. Auch Worte können ja verletzend sein.

Im Prinzip war die Vigor ein Facelift der SLR 650, die das Flügelimperium ab 1996 im spanischen Montesa-Werk baute und die einfach nicht richtig in die Gänge kam, wie man so sagt. Positioniert als »City-Bike« hätte die straßenorientierte SLR mit dem überaus bewährten Dominator-Single in der Stadt für klare Verhältnisse sorgen und möglichst vielen die Flucht aus dem »Proletenschlauch« (wie öffentlicher Nahverkehr gerne genannt wurde) ermöglichen sollen. Da der Plan nicht spitzenmäßig funktionierte, peppte man die Maschine Ende 1998 auf und nannte sie ganz stylisch »Vigor«. Möglicherweise ging der Name bei den jungen, in Ansätzen schon hippen Urbanos runter wie ein Café con leche, ein Achterl Rioja oder ein Stamperl Aceite de oliva, ich selbst dachte aber eigenartigerweise an Igor, den Schrecklichen, der in Wirklichkeit Ivan hieß. Möglicherweise hatte es auch mit dem Einzylinder zu tun.

Nun, die Vigor war technisch eine SLR, die jetzt mit einem Drehzahlmesser und kleiner Bikini-Verkleidung die Zielgruppe besser ansprechen sollte. Im Nachhinein darf man festhalten, dass auch dieser Plan sich nicht als treffsicherer Geniestreich entpuppte, aber man darf weiters festhalten, dass die Vigor tadellos marschierte.

Die Idee, kostengünstige Einzylinder-Enduros ab Werk als reine Straßenmaschinen anzubieten, war Ende der 90er durchaus populär, was man auch daran erkennen konnte, dass es einen eigenen Begriff für diese Gattung gab: »Funduro«. Sprachlich war das auf den ersten Blick durchaus kreativ. Man bezeichnete damit eine leichte, meistens nicht übermotorisierte Maschine, deren Basis ein Offroad-Fahrzeug war, die aber mit kleineren Rädern und weniger Federweg eine klare Straßenorientierung erhielt. Mitunter wurde das aber auch kritisch gesehen. Lola Müller, die eine ausgezeichnete Hard-Enduristin war, und der Racing-Bertl, der vorzüglich japanische Supersportler abfeuerte, sagten haargenau das Gleiche über sogenannte Funduros: »Das ist kein Spaß, das ist ein Witz. So eine Maschine kann überhaupt nichts richtig.«

Dabei war die Vigor sehr gut zu bewegen. Aufgrund des relativ geringen Gewichtes und des schlanken 120er-Asphaltschneiders im Heck teilte sie die innerstädtische Blechlawine wie weiland Moses das Meer und wieselte flink und locker selbst durch kleinste Lücken. Die 39 PS waren nicht die Welt, wenn man zu zweit den Großglockner bezwingen wollte, aber in der Stadt musste man mit Vollgas sparsam umgehen. Denn trotz der lockeren Zeiten waren 160 km/h auf dem Tacho in der City schon damals nicht ganz legal.

Aus meiner Sicht war die Vigor eine günstige, durchaus gefällige, in ihrer Gesamtheit sehr gut funktionierende Maschine, die man nicht nur für den täglichen Weg zur Arbeit, sondern auch auf kurzen Ausfahrten in den Bergen sehr gut einsetzen konnte, doch gekauft hätte ich sie trotz des Kampfpreises nicht. Warum? Na ja, wegen des Einzylinders. Die Fans des Singles mögen es mir bitte nicht übel nehmen, aber seit der Mopedzeit hat kein Motor, der nicht mindestens zwei Zylinder hatte, mein Herz berührt. »Ruppig, stampfend und stark vibrierend«

Der bewährte 650er-Single von der Dominator im straßenorientierten Chassis der Vigor.

SHOEI
RACING INC
alpinestars

hat viel Sinn, wenn ich mir bei einem Rockkonzert in der Nähe der Boxen das Hirn durchblasen lassen möchte, aber beim Motorradfahren schätze ich ein gewisses Maß an Laufruhe sehr. Warum ein Einzylinder das – bei allen Vorteilen wie Einfachheit, Leichtigkeit und Produktionskostenminimierung (was für ein Wort!) – nicht bieten kann, hat mir Anton Huber von BMW vor Kurzem wunderbar erklärt: »Die Arbeitsweise eines Einzylinders kann man mit einem einbeinigen Radfahrer vergleichen.« Danke!

DATEN

HONDA VIGOR 650

Einzylinder-Viertaktmotor, 644 cm^3, Vergaser, Leistung 29 kW (39 PS) bei 5750/min, max. Drehmoment 54 Nm bei 4500/min, Einschleifenrahmen aus Stahl, Telegabel, Zentralfederbein, Reifen 100/90 S 19, 120/90 S 17, vollgetankt 176 kg, Tankinhalt 13 Liter, Topspeed 147 km/h, Preis (1999) 8990 Mark, Bauzeit 1999 bis 2000

Für Jäger und Sammler

Die Zeiten der Schnäppchen sind bei Honda Vigor (und SLR) endgültig vorbei. Sie folgen nun ihrer Schwester, der NX 650 Dominator, bei der momentan für gute Exemplare richtig Marie eingefordert wird. Den Bodensatz der Vigor haben in den letzten Jahren Schrauber-Azubis beim Versuch, ein günstiges Custombike zu bauen, aufgearbeitet.

Straßenorientierung hin oder her: Mit einem Dominator-Single wird gesprungen.

Honda XL1000 V Varadero von 1999. You meet the nicest people on a Honda. Und warum? Weil sie ob der Zuverlässigkeit einfach nur entspannt sein können. Besonders die Varadero ist da eine Bank …

BEST BLUNZN EVER

Tagebuch-Eintrag 6.7.1999: »Obwohl dem Flügelimperium mit der Varadero ein mörder Wurf gelungen ist, werde ich nicht darauf sparen.«
Als Honda 1999 Ernst machte und die gewaltige Varadero an den Start schob, wurde das Straßen-Enduro-Segment massiv erschüttert. Plötzlich waren die angestammte R 1100 GS und neue 1150 GS nicht mehr die unantastbaren Platzhirsche, die die restlichen ausgewachsenen Artgenossen wie Cagiva Gran Canyon, Guzzi Quota und Africa Twin ganz normal einstampften. Da war jetzt ein ernster Herausforderer, der noch dazu den im Sinne der weiten Reise poetischen Namen eines kubanischen Badeortes trug. Die kleinere Gattung hatte sowieso längst keine Meter mehr: Pegaso, 640 Adventure, F 650, KLE 500, DR 800, Freewind und 660 Ténéré kämpften neben der GS auf verlorenem Posten, und selbst die beiden Elefanten von Cagiva und der britische Tiger konnten nur Trostpreise gewinnen. In der Gunst des Publikums war die große BMW unfassbar weit in Führung. Die fundierte Marktanalyse eines hoch angesehenen Wirtschaftswissenschaftlers ist mir in Erinnerung geblieben: »Der Tuttelbär verkauft sich wie deppert! Das Boxer-Viech haut alle nieder. Ganz normal.«
Möglicherweise wurde das Honda-Management vom enormen Absatz der GS beflügelt und motiviert, selbst eine große Reiseenduro zu bauen und viel Umsatz damit zu machen, möglicherweise riss den kompetitiven und stolzen Honda-Ingenieuren aber einfach die Geduld, weil BMW in diesem Segment meilenweit in Führung liegen durfte und sie tatenlos zuschauen mussten, obwohl ja der Bau eines GS-Killers eine leichte Übung für das Flügelimperium gewesen wäre.
Jedenfalls zeigte Honda dann auf den Herbstmessen 1998 eine wuchtige Maschine mit 996 cm³ V2, 25-Liter-Tank, ausladender Verkleidung und 19-Zoll-Vorderrad: die Varadero. Und sie schlug richtig ein. Der bestens bewährte Motor aus der Firestorm wurde auf 94 PS und starke Mitte abgestimmt und lieferte in Kombination mit dem Honda-typisch leichtgängigen Sechsgang-Getriebe eine geschmeidige Laufkultur, die den bayerischen Boxer zur Grobschlächtigkeit degradierte. Dazu ein sehr guter Wind- und Wetterschutz, eine mörder Sitzgarnitur für Fahrer und Sozia und ein großes Spritfass für Nichtraucher, die gerne stundenlang pausenlos fahren, bzw. für die echten Abenteurer, die in Gegenden vordringen, in denen Tankstellen rar sind.
Dass ich nach der ersten Testfahrt aber nicht begann, auf die Maschine zu sparen, lag nicht an irgendwelchen Mängeln oder Unzulänglichkeiten oder gar daran, dass ich lieber eine GS gehabt hätte (lustiger Gedanke), sondern schlicht daran, dass mir Stelzen-

motorräder mit einer Sitzhöhe von 840 mm aufwärts einfach zu hoch waren und ich sowieso auf sportliche Straßenmaschinen fokussiert war.

Beeindruckt war ich aber von der Geschmeidigkeit, mit der sich der 256-Kilo-Koloss bewegen ließ, und von der äußerst komfortablen Langstreckentauglichkeit. Mein Meisterstück auf der Varadero waren die 2850 km von Wien nach Marbella in dreißig Stunden – inklusive kleinen Nickerchens in den Rast-Arealen. Wie mich die gewaltige, äußerst gutmütige und verlässliche Honda da unaufhaltsam in den Süden trug, war schon vom Allerfeinsten. Und dass ich in Marbella ohne die Hilfe eines Chiropraktikers ganz normal absteigen konnte und mich vollkommen fit fühlte, war eine Sensation. Bravo, Varadero, danke dir! Das Einzige, das ich nicht so gut fand, war das dezente Walken der Fuhre über die Längsachse ab 180 km/h. Das wunderte mich. Keine Frage, in den 80ern war es noch normal gewesen, dass selbst die Supersportler ab einer gewissen Geschwindigkeit eine deutliche Pendelneigung zeigten und Dauervollgas im letzten Gang sogar für die Hartgesottensten der Hartgesottenen unmöglich war, aber Ende der 90er fuhren Sportkracher wie eine Fireblade oder Firestorm selbst bei Topspeed präzise schnurgeradeaus.

Für mich das Herausragendste an der Varadero war die unerschütterliche Standfestigkeit. Wir fuhren

Bevor der Elektronikwahn auch die Reise-Enduro-Welt erfasste, gab es übersichtliche Armaturen. Gut angeschrieben: 220 km/h.

damals in einem halben Jahr echte 100 000 km quer durch Europa und hatten abgesehen von Verschleißteilen wie dem Antriebssatz nichts zu tauschen, außer einer Glühbirne fürs Rücklicht: Honda-Qualität vom Allerfeinsten! Heute gibt es Reiseenduros, die 170 PS leisten, locker 250 km/h ohne Pendelneigung marschieren und selbst im echten Gelände bis zu einem gewissen Grad gut fahrbar sind, aber es gibt auch immer noch die Varadero vom Iron-Butt-Weltrekordhalter Varahannes mit mittlerweile knapp 800 000 km auf der Uhr. Wie gesagt: Best Blunzn ever.

Die nach einem kubanischen Badeort benannte Varadero ebnete den Reise-Enduros den Weg zur ordentlichen Motorleistung.

HONDA XL1000 V VARADERO VON 1999

DATEN

Wassergekühlter Zweizylinder-Viertakt-V-Motor, 996 cm^3, Einspritzung, Leistung 69 kW (94 PS) bei 8000/min, max. Drehmoment 98 Nm bei 6000/min, Brückenrahmen aus Stahl, Telegabel, Zentralfederbein, Reifen 110/90 R 19, 150/70 R 17, vollgetankt 256 kg, Tankinhalt 25 Liter, Topspeed 204 km/h, Preis (1999) 18 490 Mark, Bauzeit 1999 bis 2011

Für Jäger und Sammler

Jeweils rund 7500 Exemplare verkauften sich von den zwei Varadero-Typen SD01 (1999 bis 2001) und SD02 und 03 (2003 bis 2011). Die ersten Offerten beginnen bei 2000 Euro, kratzen an der 100 000-km-Marke und verlangen nach diversen Wartungsarbeiten. Für 3500 Euro gibt es Top-Gepflegte vom Händler – erste Hand und im 0-Zustand! Gefragt sind SD02-Typen mit ABS (ab 2004, ab 4500 Euro)

Kawasaki ER-5 von 1997. Auch wenn ER draufsteht, ist diese Kawa auch für SIE zu haben. Umso mehr, wenn man für kleines Geld die große Freiheit auf zwei Rädern sucht. Sagt selbst die Tante Rosi …

TANTE ROSIS FREIHEIT

Tagebuch-Eintrag 6.6.1997: »Ich habe mir keine Rakete erwartet, eh klar. Aber die kleine fesche Kawa ist irgendwie schon ein Bringer.«

Dass ich immer noch gerne an die ER-5 denke, ist eigentlich ein Wahnsinn, wie man so sagt. Seit den 70er-Jahren rollten ja am laufenden Band unfassbar viele mörderisch spektakuläre Maschinen an mir vorbei. Der geneigte Leser älteren Baujahrs wird sich jetzt vielleicht an Rudi Carrell erinnern und daran, wie schwierig es war, sich alle Gegenstände zu merken; die Jüngeren unter uns werden beim Begriff »Am laufenden Band« vielleicht eher an Running Sushi denken oder an ein Fitnessstudio, wo man auf einem urbreiten Zahnriemen im Stand so tut, als ob man irgendwo hinrennen würde. Egal. Die ER-5 habe ich mir jedenfalls bis heute gemerkt. Und das nicht nur wegen Tante Rosis später Freiheit, sondern auch wegen des sehr eigenartigen Namens. Hatte sich denn Kawasaki im Dickicht des Geschlechter-Dschungels mörder verirrt?! Würden nach der ER-5 eine SIE-6 und eine ES-7 kommen?! Was war mit den Kawasaklern geschehen?! Waren jetzt Soziologen am Ruder?! Und obwohl ich natürlich keine Antwort auf diese dringenden Fragen finden konnte, war jedenfalls vollkommen klar: Verglichen mit »Z« oder »GPZ« hatte »ER« überhaupt keinen Sex.

Die Maschine selbst gefiel mir aber sehr. Die Linie wäre meiner Meinung nach absolut »Z«-würdig gewesen, die Sitzposition war sportlich leger, die beiden Uhren in den Chromkonsolen fand ich edel und gut, über Tankform, Sitzbank und kleines Pürzel konnte man sich auch als Zwiebel (vulgo ein Mensch, der urgerne jammert) nicht aufregen. Ein wirklich schönes Motorrad.

Motorisch war nicht die Hölle los, aber der damals schon sehr bewährte, knapp 50 PS starke 500er-Zweizylinder hatte keinerlei Probleme mit der leichten ER-5, war spritzig und unprätentiös und ermöglichte immerhin einen Topspeed von fast 180 km/h. Okay, die sich damals durchsetzenden Turbodieseldosen packten allesamt schon 200 km/h, aber 180 war für eine sehr erschwingliche 500er-Viertakt-Maschine absolut in Ordnung. Dass der Twin angeblich ein halber GPZ-900-Motor war, spürte ich allerdings nie. Brachialitäts-Gene hatte er definitiv keine. Sagen wir es so: Der Motor war kein Hirnausschalter, kein Vulkan kurz vor dem Ausbruch und auch keine archaische Wurfmaschine, die dich quasi im Handumdrehen in die Führungsposition katapultierte, aber er war auch kein emotionsloser Klumpen Metall, der dich schläfrig machte. Im Gegenteil. Wand man den Zweizylinder aus, war einiges möglich. Das Zauberwort war »schwungorientiert«. Also wie ein Superbiker hart ankern, spitz umlegen, leicht aufrichten und kompromisslos rausfeuern war

Der bewährte 500er-Twin war kein Hirnausschalter, aber absolut standfest, spritzig und gutmütig zugleich.

keine gute Idee. Erstens wegen des Motors (eh schon wissen) und zweitens, weil Bremse und Gabel zwar füreinander bestimmt waren und eine harmonische Ehe führten, aber zu konservativ waren für harte Ankerorgien. Das 37er-Teleskop wand sich doch erheblich, wenn man den Bremshebel in einer Notsituation (also z. B., wenn man vor der Kehre unbedingt noch den Pauli schnupfen musste, weil man ja am Kurvenausgang keine Meter machen konnte) wie einen Truthahn würgte.

Tante Rosi war das vollkommen egal. In ihren Augen war die ER-5 ein wunderschönes, charismatisches Motorrad, das relativ leicht handzuhaben war. Also ganz etwas anderes als der anspruchsvolle, rechthaberische und narzisstisch mimosenhafte Karl-Friedrich, der sie jetzt nach zwanzig Jahren Ehe für ein jüngeres Duplikat ihrer selbst eingetauscht hatte. »Es war die beste Entscheidung meines Lebens«, sagte mir Tante Rosi, als ich sie zufällig beim Motorradfahren traf, »unglaublich, wie gut ich mich auf der Kawa fühle. Alles funktioniert so selbstverständlich und leicht. Und wenn man Gas gibt, ist es schon viel aufregender als mit einem Auto. Keine Frage, ich bin noch nicht die Schnellste, aber ich genieße das Fahren so sehr! Ich ärgere mich nur, dass ich nicht schon früher damit angefangen habe. Na ja, Karl-Friedrich hatte halt immer so viel Angst. Das Schönste ist, dass ich mich im Nachhinein nicht wahnsinnig ärgere, weil ich zwanzig Jahre lang Rücksicht auf ihn genommen und mich immer untergeordnet habe, sondern dass ich mein neues Leben jetzt so richtig genießen kann. Die Freiheit auf der ER-5 ist grenzenlos. Es geht mir so gut wie nie zuvor. Das Einzige, das mich an der Kawa gestört hat, war der Name. Aber mittlerweile weiß ich, dass E für Zweizylinder und R für Roadster steht und nichts mit einem übertriebenen Männlichkeitswahn zu tun hat. Zum Glück!«

Die sehr gefällige Linie der ER-5 erinnerte tatsächlich ein-wenig an die Z1, die Urmutter des Wahnsinns.

DATEN

KAWASAKI ER-5 VON 1997

Wassergekühlter Zweizylinder-Viertakt-Reihenmotor, 499 cm^3, 36 kW (49 PS) bei 8700/min, 43 Nm bei 7200/min, Doppelschleifenrahmen aus Stahl, Gewicht 197 kg, Tankinhalt 17 Liter, Sitzhöhe 815 mm, Höchstgeschwindigkeit 175 km/h, Beschleunigung 0–100 km/h 5,6 sek, Verbrauch 4,3 l/100 km, Preis (1996) 8490 Mark, Bauzeit 1996 bis 2006

Für Jäger und Sammler

Honda CB 500, Suzuki GS 500 E und eben die Twister-Kawa – sie haben die Gemeinsamkeit, dass sie als brave, genügsame Alltagsmulis runtergerockt wurden: Einsatz bei Wind und Wetter, oftmals als »Offseason-Bike« Salz und Schnee ausgesetzt, nächtens unter Laternen geparkt. Für 500 Euro geht ihr Leben auch in siebter oder neunter Hand weiter. Es gibt aber auch tipptopp gepflegte Perlen aus Erstbesitz – für 1500 bis 2000 Euro sind das echte Schnapper!

Kawasaki W650 von 1999: Die W650 war schon immer ein Leckerbissen. Wer sich ihr frei von sportlichen Ambitionen nähert, wird sie lieben

KÖNIGSKICK

Tagebuch-Eintrag 6.5.1999: »Ja Himmel, endlich wieder ein Kickstarter! Aber insgesamt hätte sich die W650 mehr verdient.«

Die W650 war ein mutiger Schritt von Kawasaki, allerdings konnte man dabei schon auch eine gewisse Unsicherheit erkennen. Mutig deshalb, weil man Ende der 90er vom heutigen Retro-Trend sehr weit entfernt war und es alles andere als sicher war, dass irgendjemand so ein brustschwaches, altvaterisches, und dabei modern gefertigtes Motorrad brauchen würde. Dass das Credo: »Wenn schon eine alte Kraxe, dann eine, die viel erlebt hat und top in Schuss gehalten bzw. aufwendig restauriert wurde!« nur für die wenigen Hardcore-Schrauber zählte, und viele andere zwar das Flair einer Maschine aus den Roaring Sixties, nicht aber derenölleckende und unzuverlässige Technik wollten, hat Kawasaki richtig erkannt. Doch in einem anderen Punkt haben sie sich gewaltig geirrt. Dazu später.

Ein wahrer Quell der Freude war der Motor. Keine Frage, die Leistung war überschaubar, wie man so sagt, aber Laufkultur, Zuverlässigkeit, optische Anmutung und vor allem der Königswellen-Ventiltrieb und der Kickstarter machten aus der W650 etwas ganz Besonderes. Rory Gallagher's Motorradhymne (»Well, it's a shinkicker morning, I gonna kick start the day, I'm gonna wind up my machine and I'll be on my way!«) hatte ich jedes Mal im Ohr, wenn ich den Parallel-Twin stilecht mit einem sanften Tritt aufweckte. Die Retro-Kawa war immer sofort wach. Natürlich hätte ich wie damals in den ausgehenden 70ern alternativ auch den Elektrostarter bedienen können, aber bei aller Liebe zum Fortschritt: Wenn es so ein wunderbar mechanisches Bauteil wie einen Kickstarter gibt (und man keinen störrischen Einzylinder hat, der hart zurückschlagen kann und mitunter minutenlanges Kicken verlangt), muss man ihn wertschätzen und verwenden. Ist ja wie beim Straßenbau. Wenn Ingenieure und Facharbeiter ein wunderbar geschwungenes Asphaltband mit sehr gutem Grip in die Landschaft zaubern, muss man ihnen zu Ehren auch richtig Feuer geben und so ihre Meisterleistung würdigen. Alles andere wäre eine von Ignoranz getragene Gemeinheit.

Apropos Feuer geben: Die 50 PS des W650er-Twins reichten für 180 km/h auf der Uhr. Nicht schlecht. Allerdings – und hier kommen wir zum oben erwähnten Irrtum – hat Kawasaki beim Fahrwerk gespart. Die maue Bremserei ging für mich persönlich noch in Ordnung, erstens, weil man mit einem 50 PS-Motor sowieso schwungorientiert unterwegs sein muss und die Geschwindigkeit am Kurveneingang keinesfalls abstechen darf, und zweitens, weil die weiche Gabel von einem scharfen Anker ganz normal »umgebracht« worden wäre. Sehr schade

Der hohe, ausladende Lenker war eine authentische Reminiszenz an die 70er Jahre.

DATEN

Zweizylinder-Viertakt-Reihenmotor, 676 cm^3, Vergaser, Leistung 37 kW (50 PS) bei 7000/min, max. Dreh- moment 56 Nm bei 5500/min, Doppelschleifenrahmen aus Stahl, Telegabel, Stereofederbein, Reifen 100/90 R 19, 130/80 R 18, vollgetankt 212 kg, Tankinhalt 15 Liter, Topspeed 180 km/h, Preis (1999) 11990 Mark, Bauzeit 1999 bis 2006

Für Jäger und Sammler

Die W650 war immer toll anzuschauen und ihrer Zeit weit voraus. Die Retro-Welle sollte erst ein Jahrzehnt nach ihrem Erscheinen nennenswerte Marktanteile erobern. Heute werden gute Kawasaki W650 mit unter 10 000 Kilometern Laufleistung ab 5500 Talern aufwärts gehandelt. Das entspricht ziemlich genau ihrem damaligen Neupreis. Respekt!

fand ich aber, dass die beiden bildschönen Stereofederbeine im unsensiblen Ansprechverhalten an das nass gewordene Holzbein eines Piratenkapitäns erinnerten und nur wenig Dämpfung lieferten. In Kombination mit dem geweihartig hohen Lenker, der wohl als Reminiszenz an die 70er verbaut wurde, verhielt sich die W650 beim Fahren nicht sehr präzise und auch nicht sehr stabil. Um hier keine Missverständnisse aufkommen zu lassen: Die Retro-Kawa war durchaus kommod zu bewegen und machte auch mit dem Serienfahrwerk vieles mit, aber meiner Meinung nach hätte sich der Motor, der eine aufwendige Neuentwicklung mit der Raffinesse eines Königswellen-gesteuerten Vierventil-Kopfes war, bessere Federelemente verdient. Die Maschine wäre dadurch etwas teurer geworden, aber die meisten Kunden hätten das gerne in Kauf genommen. Denn die alten, erfahrenen Haudegen, die sich mit der W650 eine Erinnerung an die eigene Jugend in die Garage stellten, waren ja längst topmoderne und hochwertige Fahrwerke gewohnt. Da konnte das günstige Zeug der Retro-Kawa nur enttäuschen. Auf den Punkt gebracht hat es damals ein Rennsport-Tuner, der sich die W650 als Alltagsmotorrad zum Genießen kaufte: »Den Motor haben sie großartig gemacht. Wunderbare Technik. Aber das Fahrwerk ist eine Niederlage. Da fühlt man sich als Kunde nicht ernst genommen. Ich will ein Motorrad, das ausschaut wie damals, aber fahren soll es schon wie eine moderne Maschine. Na ja, dürfen halt Wilbers, Öhlins und Co. wieder etwas verdienen. Passt eh. Aber schade ist es trotzdem.«

Im Nachhinein betrachtet war die W650 ein genialer Wurf von Kawasaki, der über die Jahre in kleinen Dosen immer weiter verbessert wurde und sich auch heute noch als W800 im richtig groß gewordenen Retro-Markt behaupten kann. Leider ist der Kickstarter auf der Strecke geblieben.

Auch mit tieferem Lenker gab es die W650. Allerdings nicht mit besserem Fahrwerk. Herausragend waren Königswelle und Kickstarter.

25-km/h-Spezial: Puch Maxi. Eine der letzten originalen Puchs, die noch in Österreich produziert wurden: die Maxi Plus von 1985 mit Kunststofftank

SCHROTT UND HOHN

Tagebuch 20.5.1971: »Die Frau Lehrer hat uns heute ihr neues Puch Maxi gezeigt und sich gleich mörderisch ausgebreitet. Werde ein paar Tage warten und ihr dann den Afrika-Zylinder vorschlagen.«

Die Ansage »Das Puch Maxi wird zu einem Kultobjekt werden« hätte in den 70er-Jahren in der Volksschule mit hoher Wahrscheinlichkeit zu Mobbing geführt. Vergöttert wurden CB 750 und Z 900, und je näher ein Moped diesen Ikonen kam, desto begehrenswerter war es. Keine Frage, die Firma Puch hatte schon gute Modelle am Start, die durchaus mit Zündapp, Kreidler, Yamaha, Honda etc. mithalten konnten, aber das Maxi war ein unfassbar unwürdiger Schlapfen. Niemand assoziierte beim Anblick dieses Mofas ein scharfes Eisen. Im Gegenteil. »Schaut aus wie ein zu dick geratenes Waffenrad für Damen. Urhässlich!«, flüsterte mir der Herbert zu, als die Frau Lehrer nach dem Unterricht stolz auf ihr brandneues Maxi stieg. »Sei still!«, zischte ich. »Sonst bekomme ich einen Lachkrampf! Das verzeiht sie uns nie!« Mit größtmöglicher Contenance beobachteten wir dann (selbstverständlich freundlich lächelnd), wie sie kurz in die Pedale stieg und den Motor anwarf. Dabei strahlte die Frau Lehrer übers ganze Gesicht, und Herbert raunte: »Die kennt vielleicht viele Gedichte und kann gut rechnen, aber vom echten Leben hat sie keine Ahnung. Wenn ein Motor so rachitisch klingt, müsste man eigentlich in eine schwere Depression fallen, aber schau, wie sie sich freut!« Äußerlich lächelten wir freundlich weiter, innerlich zerriss es uns fast. Doch wir hielten – und das war eine großartige Leistung im Sinne der Selbstkontrolle – der Zerreißprobe bravourös stand. Ganz im Gegensatz zum geblümten Trevira-Kleid der Frau Lehrer. Es war ein Drama. Sie meisterte die Ausfahrt aus dem Schulhof noch mehr oder weniger souverän, aber beim Linksabbiegen agierte sie dermaßen zögerlich, dass sie die Kurve nicht vor dem Randstein zu Ende brachte und uns allen einen lupenreinen Zeitlupenhighsider auf den Gehsteig zeigte. Wow! Frau Lehrer wälzte sich im Dreck! Gewaltig. Herbert raunte: »Irgendwie ist sie gar nicht so uncool«, und ich wurde nachdenklich. Sie richtete nämlich augenblicklich das noch immer knatternde Maxi wieder auf, strich ihr Kleid glatt und fuhr davon, als wäre nichts gewesen. Das erinnerte mich an meine vielen Stürze mit dem Fahrrad. Ich fuhr ja auch immer schnellstmöglich weiter und wollte nicht, dass jemand meine Niederlage wahrnahm. »Herbert, ich glaube, sie ist wie wir. Ein ganz normaler Mensch«, sagte ich fassungslos, aber er ließ uns einen Ausweg: »Nein. Weil bevor wir mit einem Maxi fahren, fahren wir uns mit dem Finger ins Auge.«

Dass viele anders dachten als wir, zeigte sich in den Verkaufszahlen: Von 1969 bis 1987 wurden knapp

Mancher eroberte mit der Puch Maxi die Welt. Zonkos Frau Lehrer allerdings wälzte sich im Dreck.

zwei Millionen Puch Maxi Mofas verkauft. Zwei Millionen! Das geringe Gewicht von 44 Kilo, der Verbrauch von 1,5 Liter auf 100 km und die einfache Handhabbarkeit machten das Maxi zu einem echten Verkaufsschlager. Es war aber auch ein Technologieträger: 1987 war das Maxi das erste Fahrzeug weltweit mit einem serienreifen 2-Takt-Katalysator. Trotzdem wurde die Zweiradsparte von Steyr-Daimler-Puch 1987 an Piaggio »verschenkt«. Eine Katastrophe. Schwere Fehler im Management löschten Puch als Mopedmarke einfach aus. Da denkt man dann natürlich auch an ehemalige Superplayer wie Zündapp und Kreidler zum Beispiel. Wahnsinn, wie geistlos man diese Firmen in den Boden fuhr.

Ein Wahnsinn der anderen Art wurde mir aber erst im Zuge der Maxi-Recher- che bewusst: In Österreich durften diese Motorfahrräder wenigstens 40 km/h schnell sein, in Deutschland nur 25! Waren die 40 km/h schon ein Horror (Verkehrsplaner bauten diese Mopeds als »Fleischbremse« in ihre Überlegungen zum Verkehrsfluss ein – kein Witz!), so müssen die 25 km/h der mentale SuperGAU gewesen sein. Man hält den Gasgriff auf Anschlag und Tante Rosi fährt am Fahrrad dennoch locker vorbei. Brutal. Unmenschlich. Hatte man denn keine Ahnung von der sensiblen Psyche von Jugendlichen?

Aber zurück in die Volksschule: Vier Wochen nach dem Sturz hatte ich das Gefühl, dass die Frau Lehrer bereit sein müsste für eine kleine Anregung: »Frau Lehrer, ich würde Ihnen dringend den Afrika-Zylinder für Ihr Maxi empfehlen.« Afrika-Zylinder? »Naja, der hat 70 Kubik und kann relativ einfach aufgesteckt werden. Das braucht man dort. Weil das Maxi sonst die Sanddünen nicht hinaufkommen würde. Heißer Tipp!« Ihr freundliches Nicken war Antwort genug.

DATEN

PUCH MAXI

Einzylinder-Zweitaktmotor, 48,8 cm^3, Vergaser, Leistung 0,8 kW (1,2 PS) bei 4000/min, max. Drehmoment k.A., Pressstahlrahmen mit integriertem Tank, Telegabel, zwei Federbeine, Reifen vorne und hinten 2.25-17, vollgetankt ca. 46 kg, Tank- inhalt 3,6 Liter, Topspeed 25 km/h, Preis (1978) 1080 Mark, Bauzeit (alle Maxi-Versionen) 1969 bis 1995.

Für Jäger und Sammler

Unsere Mofas»von damals« sind Kultobjekte geworden, die Preise haben entsprechend angezogen. Die Puch- Dichte ist im Heimatland Österreich erwartungsgemäß hoch, aber auch in Deutschland werden Ex-Maxi-Piloten fündig. Basisanlage für fahrbereites Material 500 Euro, restaurierte Mofas kosten mindestens das Doppelte. Teilespezialisten helfen weiter: in Deutschland die Mopedgarage (www.moped-garage.net), in Österreich RBO-Ing. Stöckl (www.rbo.at), zweifelsohne der Puch-Professor der Szene.

Echter VDO-Tacho mit klaren Angaben. Und selbstverständlich mechanisch bewegter Kilometerzähler.

PUCH
10
20
30
40
50
60
km/h
VDO

Triumph Bonneville Bj. 2014. Den Retrotrend haben die Briten sehr früh gespürt und ihre glorreiche Historie in wunderschöne, moderne Modelle einfließen lassen

GOLDEN FLASH

Tagebuch-Eintrag 7.8.2014: »Keine Frage, meine Reaktion war nicht schlecht, aber gerettet hat uns das fehlende ABS.«

Auf dem Weg zur Volksschule kamen mein Bruder Bruno und ich immer an einer Jugendherberge vorbei, und da standen oft unfassbar tolle Maschinen davor. Verständlich, dass wir mitunter zu spät im Unterricht eintrafen. Wir mussten die Tachos ablesen, die Krümmer zählen und damit die Zylinderzahl bestimmen und überhaupt und sowieso fürs Leben lernen. Unser Verweilen und Fachsimpeln bei den Motorrädern war also eher eine Fleißaufgabe im Sinne der Weiterbildung und hätte sich ein Sternchen für engagierte Mitarbeit verdient – statt einer geistlosen Ermahnung im Mitteilungsheft.

Besonders spät wurde es, als wir zum ersten Mal eine Bonneville T120 sahen. Ja Himmel, was für ein scharfes Eisen! Wir wussten beide, dass der Name eine Hommage an die 311 km/h schnelle Salzsee-Highspeed-Zigarre von Triumph war (Motorrad-Quartetts leisteten damals viel mehr Bildungsauftrag, als öffentlich-rechtliche Fernsehsender es heute tun), und Bruno konnte sogar das Kürzel »120« erklären: »Die Maschine sollte 120 mph schnell sein, also über 190 km/h marschieren. Ich habe aber gelesen, dass sie bei mageren 180 aufgibt.«

Der gewaltige Eindruck, den die golden lackierte Bonnie Ende der 60er-Jahre in mir hinterlassen hat, war viel zu stark, um jemals zu verblassen. Aber meine Faszination verlagerte sich ab den frühen 70ern ganz klar zu den japanischen Überfliegern mit den Reihenvierzylindern. Und als mir dann im Jahr 2000 der Transzendental-Philosoph und Pressesprecher Uli Bonsels sagte, dass Triumph die Bonnie mit 790-ccm-Twin neu auflegen würde, war ich äußerst skeptisch. Der aus heutiger Sicht superpotente Retro-Trend war ja damals ein zartes Pflänzchen. Ich konnte mir beim besten Willen nicht vorstellen, dass sich jemand freiwillig eine Retro-Reibe holt, wenn der Markt doch mit einem breiten Angebot an modernen, sportlichen Maschinen gesegnet ist: »Uli, wer soll das denn kaufen?« Gut, ich habe mich geirrt. Zwar waren die ersten Jahre verkaufstechnisch tatsächlich eher suboptimal, aber spätestens seit der Aufrüstung von 790 auf 865 Kubik (2007) entwickelte sich die Bonneville-Reihe zum mächtigen Standbein für Triumph. Bei mir dauerte es allerdings bis zu meinem 51. Geburtstag, bis sich der Flash vom Schulweg im unbremsbaren Wunsch manifestierte, eine Bonneville zu fahren. Das weiß-goldene Modell von 2014 war in meinen Augen unfassbar edel, und die Idee von der Entschleunigung am Motorrad und der klaren Abwendung von dem sich bereits rasant ausbreitenden Elektronik-Wahn nährten meine Gier. Letztendlich erlebte ich dann 2014 eine großartige Saison mit der bildschönen Britin, wenngleich es auch kleine Irritationen gab. Motorisch und soundmäßig war ich vollkommen zufrieden, die Sitzposition war göttlich, aber die Performance der hinteren Stereofederbeine war für einen Sportfahrer doch ernüchternd. Die etwas schwammig gedämpfte und doch auch hölzern wirkende Heck-

Klassische Uhren und ein relativ hoher Lenker, der mitunter zu einer eigenartigen Sitzhaltung motivierte.

partie ließen mich ins Mupo-Regal greifen. Das hat der Bonnie sehr gutgetan. Plötzlich waren auch ambitioniert durchfahrene Radien mit leichten Wellen überhaupt kein Problem mehr, und man musste sich auf der Hausstrecke nicht mehr verstecken. Keine Frage, die Ausrichtung der Bonnie wies ganz klar in Richtung Genuss und nicht in das kompetitiv bestimmte Revier ihrer Urahnin, aber ich selbst kippte auch auf der Retro-Triumph immer wieder in den Herbrenn-Modus. Möglicherweise auch deshalb, weil es halt eine besondere Freude ist, wenn man stolze Gockel auf ganz tollen Motorrädern mit etwas herrichtet, das ausschaut, als ob es 50 Jahre alt wäre. Geliebt habe ich die Bonnie auch wegen ihres konsequenten Verzichts auf elektronische Fahrhilfen: keine Riding Modes, keine Traktionskontrolle, kein Wheelie-Cutter und auch kein ABS. Letzteres hat mir einmal den Hintern gerettet, wie man so sagt. Ich fuhr mit einem gemütlichen 50er die Wiener Märzstraße stadteinwärts. Der dicke, dunkle SUV vor mir wurde langsamer und scherte leicht nach rechts aus. Mir war klar, dass er ohne Blinker abbiegen wollte, und ich leitete links den Überholvorgang ein. Allerdings wendete der Vollkoffer! Ausweichen alleine wäre zu wenig gewesen, also stieg ich hinten voll in die Bremse und suchte einen günstigen Einschlagwinkel. Da der Hinterreifen durch das fehlende ABS blockierte und quietschte wie eine gerittene Sau, erkannte der SUVler den Ernst der Situation und brach das irre Wendemanöver blitzartig ab. Alles gut. Danke, Bonnie!

DATEN

Zweizylinder-Viertakt-Reihenmotor, 865 cm^3, Einspritzung, Leistung 50 kW (68 PS) bei 7400/min, max. Drehmoment 68 Nm bei 5800/min, Doppelschleifenrahmen aus Stahl, Telegabel, Stereofederbeine, Reifen 100/90 R 19, 130/80 R 17, vollgetankt 234 kg, Tankinhalt 16 Liter, Topspeed 200 km/h, Preis (2014) 8990 Euro, Bauzeit 2002 bis 2016

Für Jäger und Sammler

Unter 4000 Euro wird auf den einschlägigen Online-Marktplätzen nichts angeboten. Auch Motorräder der ersten Generation bis 2007 machen da keine Ausnahme. Einen soliden Werterhalt kann man der Bonnie also attestieren. Wer sich eine aneignen möchte, hat genug Auswahl und sollte um die 5000 Euro für eine gut gepflegte T100 einplanen.

TRIUMPH BONNEVILLE BJ.2014

Die Zündapp KS 50 watercooled TT. Wasserkühlung, Fünfganggetriebe, volle 6,25 PS, Cockpitverkleidung und Heckbürzel – mehr Kleinkraftrad geht nicht

AM ANFANG WAR DAS MOPED

Tagebuch 4.8.1976: »Die Zündapp vom Bruno ist schon Weltklasse. Aber warum baut denn niemand eine Z 650 mit 50 Kubik? Das wäre doch der ultimative Traum!«

Keine Frage, meine Yamaha FS1 Autolube war ein mörderfesches Moped, das bei gutem Wind und leichtem Gefälle die magische 100er-Marke am Tacho knackte, aber verglichen mit der Zündapp KS 50 vom Bruno war sie irgendwie mickrig. Insofern passte sie eh gut zu mir, denn ich war deutlich kleiner als mein um zwei Jahre älterer Bruder. Fuhr ich mit der Yam, stimmten die Proportionen perfekt; lieh mir Bruno die Zapp, kam ich mir fast vor wie der Herr Nilsson von der Pippi Langstrumpf auf dem Rücken des Kleinen Onkels. Dennoch hatte ich einen klaren Gedanken bzw. eine dringliche Frage: »Warum baut kein Mopedhersteller eine Z 650 mit 50 Kubik?!« Mit der Form der KS 50 kam Zündapp ab Mitte der 70er-Jahre diesem Ideal eh schon ziemlich nahe, aber insgesamt war das Moped einfach noch zu filigran. Zumindest in meinen Augen. Ich liebte den sportlichen Bürzel, der an die scharfe Vierzylinder-Kawasaki erinnerte, mir gefiel die mächtige Tankform, und auch die kleine Bikini-Verkleidung, die hohe Geschwindigkeiten suggerierte, fand meine volle Zustimmung. Alles in allem war die Zapp aber dennoch meilenweit von einer Z 650 entfernt. Selbst ein Unbedarfter hätte sofort erkannt, dass das eine ein Moped, das andere aber eine brachiale Maschine war.

Nun, Zusammenhänge wie Gewicht und Leistung, Material und Preis, Masse und Handling etc. waren mir damals nicht geläufig. Sonst hätte ich nicht davon geträumt, in eine Z 650 ein 50-cm³-Stamperl einzubauen. Volle Schnapsidee! Die Maschine wäre nicht vom Fleck gekommen und mörderisch verhungert. Ein willkommenes Opfer für die Puch Maxi der Volksschullehrerin. Eine undenkbar harsche Niederlage. Logisch, dass kein Hersteller meinen Wunsch erfüllt hat.

Groß war die Enttäuschung darüber sowieso nicht. Denn sowohl die Yam als auch die Zapp eröffneten mir eine Freiheit, die es im Pausenhof oder im schulischen Fahrradkeller trotz Zigarettenkonsums einfach nicht gab. Seit ich das Moped hatte, teilte ich mein Leben – überspitzt formuliert – in notwendiges Übel und Fahren ein. Die Welt stand mir jetzt ja vollkommen offen. War mit dem Motobecane-Zehngang-Rennrad der Gardasee quasi unerreichbar, so konnte ich mit dem Moped die knapp 300 Kilometer in etwas mehr als vier Stunden fressen und dabei noch die Seele mörderisch auffüllen. Dass bei mittleren Steigungen die sechs PS nur ausreichten, um mit schleifender Kupplung zwischen zweitem und drittem Gang hin und her zu wechseln, spielte keine übergeordnete Rolle, da der Motor bergab gnadenlos ausdrehte und mehr als 100 km/h auf den Tacho zauberte. Wahnsinn, wie herrlich! Endlich war ich ein Mensch! Also kein Kind mehr, das man nicht für voll nahm, sondern ein aufstrebender Anraucher, der mit geballter Faust Vollgas gab. Dieses gierige Kreischen des hungrigen Zweitakters und der Duft des verbrannten Benzin-Öl-Gemisches gehörten eindeutig zum Besten, was die Welt zu bieten hatte, und führten die in dieser Zeit fast schon inflationär häufig gestellte Frage »Hat das Leben einen Sinn?« ad absurdum. Komplett egal. Solange Geld für das Füllen des Tanks da war und die Mopette funktionierte, war alles in bester Ordnung. Auch wenn immer wieder ein sogenannter Ordnungshüter durch das Verhängen einer Strafe wegen Schnellfahrens diese Ordnung kurzfristig durcheinanderbrachte. Im Ernstfall, also wenn das Bußgeld hoch und das Budget wie der Drehzahlmesser tief im roten Bereich war, verzichtete ich auf den Kauf von Zigaretten (die konnte man sowieso leicht schnorren), nicht aber auf einen vollen Tank. Ein leerer Tank war wie ein Symbol für ein leeres Leben. Kann mich gut erinnern, wie ich dem engagierten Religionslehrer im Zuge einer mühsamen Diskussion über das Dasein sagte: »Ganz ehrlich, Herr Professor: Was hat es denn für einen Sinn, über den Sinn des Lebens nachzudenken, wenn man die Zeit auch für etwas viel Sinnvolleres nützen kann? Achten Sie einfach

Bikini-Verkleidung, Drehzahlmesser, 6,25 PS. Die Zündapp war einfach Weltklasse!

ZÜNDAPP
ZÜNDAPP
ZÜNDAPP

DATEN

DIE ZÜNDAPP KS 50 WATERCOOLED TT

Einzylinder-Zweitaktmotor, 49 cm^3, Vergaser, Leistung 4,6 kW (6,25 PS) bei 8800/min, max. Drehmoment 5,8 Nm bei 8000/min, Druckguss-Zentralrohrrahmen mit geteiltem Unterzug, Telegabel, zwei Federbeine, Reifen 2.75-17, Leergewicht 102 kg, Tankinhalt 13,5 Liter, Topspeed 85 km/h, Preis (1977) 3298 Mark, Bauzeit 1977 bis 1980

Für Jäger und Sammler

Die 16-jährigen Heizer der 1970er- Jahre sind heute oft gut situierte Mofa-, Moped- und Kleinkraftrad-Fans, die bereit sind, sich für sehr viel Geld ihre Jugendträume zurückzuholen. Konkret: Für toprestaurierte KS 50 wc werden locker über 4000 oder sogar 5000 Euro verlangt – und oft auch gezahlt. Selbst Kernschrott kostet mindestens vierstellig.

Überragende Optik, sehr gute Technik. Dass Zündapp dann in die Pleite schlitterte, ist unpackbar.

darauf, dass der Tank immer voll ist, dann wird es keine Sinnlosigkeit geben.«

Na ja, dass meine Jugend eine traumhafte Zeit war, in der mir die Welt immer besser schmeckte, lag nicht am Zungenkuss, den mir die Heike aus Deutschland im Schafstall schenkte, sondern an der immensen Freiheit, die mir das Moped eröffnet hat. Wow, da verblasste einfach alles andere. Sorry, Heike! War sicher eine große Enttäuschung, als du begriffst, dass dein Urlaubsflirt lieber am Vergaser fummeln würde.

Aprilia Moto 6.5 von 1995. Design oder nicht sein: Aprilia-Firmenboss Ivano Beggio (l.) und Designer Philippe Starck zeigten sich anfangs optimistisch

STARCKES STÜCK!

Tagebuch-Eintrag 12.12.1994: »Die Abrüllja aus dem Designer-Café wird ein Rohrkrepierer. Darauf kann man wetten.«

Als Ende 1994 die von Philippe Starck gestaltete 650er Aprilia in die Öffentlichkeit drängte, war das Aufsehen groß. Alle Welt sprach von der markant und in sich sehr stimmig gezeichneten Moto 6.5. So gesehen war es ein voller Erfolg für Aprilia. Allerdings lief der Verkauf dermaßen enttäuschend, dass bereits 1996 die Produktion eingestellt wurde. Meiner Meinung nach lag das aber nicht am 42 PS schwachen Rotax-Einzylinder und auch nicht am etwas zu weich ausgelegten Federbein oder am zu hoch angebrachten und damit etwas Tankvolumen verschwendenden Benzinhahn, sondern schlicht daran, dass sich nur Menschen mit einem stark ausgeprägten »Kunst ist erhebend«-Gen mit der Designer-Gurke sehen lassen wollten. Der klassische Herbrenner von Welt hielt nicht so viel von intellektuell angehauchter Kunst und feinem Zigarrenrauch im Avantgarde-Kaffeehaus. Der österreichische Kabarettist Roland Düringer, der unfassbare gute Motorrad-Inhalte in seinen Programmen zum Besten gab, kaufte sich aber eine Starck. Eh klar. Er hatte später ja dann auch eine DN-01. Doch abgesehen von der Düringer-Moto 6.5 habe ich nie eine in freier Wildbahn gesehen. Möglicherweise lag der Misserfolg nur am Timing. Die Hipster-Invasion kam zwei Jahrzehnte zu spät.

Um das Projekt besser zu beleuchten, darf ich an dieser Stelle Teile eines illegalen Mitschnitts vom ersten Gespräch zwischen dem damaligen Aprilia-Boss Ivano Beggio und Stardesigner Philippe Starck wiedergeben. Für den Wahrheitsgehalt kann ich mich aber nicht verbürgen.

Beggio: »Philippe, ich hätte gerne eine Aprilia mit deinem Design.« Starck: »Klingt gut. Hast du denn einen V4-Motor mit 1400 Kubik und 250 PS, oder gar einen V5 mit Turbolader?« Beggio: »Leider nicht. Wir werden in Zukunft immer stärkere und größere Motoren bauen, aber momentan haben wir einen 650er Einzylinder von Rotax. Eh ein guter Motor, doch wir wecken zu wenig Emotionen damit. Die Pegaso zum Beispiel ist unauffällig wie ein dicker Tourist mit Sonnenbrand am Strand von Bibione und hat den Charme und die Originalität einer Liege mit Besetzer-Handtuch.« Philippe: »Aber sie verkauft sich nicht schlecht, oder?«

Beggio: »Das stimmt schon. Aber schau: Mein Vater Alberto hat als Firmennamen für seine Fahrrad-Werkstätte Aprilia gewählt, weil ihm der Lancia Aprilia so gut gefallen hat. Es war ein Auto, das er bewundert und geliebt hat. Und jetzt frage ich dich: Geht man vor einer Pegaso in die Knie?« Philippe: »Na ja, vielleicht bei einem spontanen Schwächeanfall, nach zu viel Rotwein, bei einer Pilzvergiftung, wenn man vor einer wütenden Frau in Deckung gehen muss, oder … nein, ich verstehe schon, was du meinst. Hätte ich freie Hand?« Beggio: »Ja. Aber es muss schon im Prinzip ein ganz normales Motorrad werden – mit Reifen, Rahmen, Schwinge, Gabel, Tank und so.« Philippe: »Schade. Wird also doch nichts aus meinem großen Traum.« Beggio: »Welchen Traum meinst du?« Philippe: »Na, dass meine Zitronenpresse eine Lichtanlage, Spiegel und einen Motor bekommt und dann ganz hart im Straßenverkehr vollstreckt. Also so richtig hart. Alle werden hergerichtet, durchgereicht und abgeledert. Ja, und der besondere Clou daran: Jeder Überholte wird sich fühlen, als ob er eine ausgepresste Zitrone wäre. Das wäre der gemeine Wahnsinn! Ivano, das wäre das ultimative Gesamtkunstwerk! Damit würde Aprilia

Die Herren Beggio und Starck waren voller Zuversicht.

Wenig Motorleistung, aber viel schönes Design.

ein echtes Zeichen setzen und die Welt verändern!« Man hört noch, wie sich Signore Beggio leicht verschluckt, hüstelnd räuspert und um Contenance bemüht »Für den Herrn ein Aqua naturale und für mich zwei doppelte Grappa!« bestellt, und dann gibt es nur noch kurz diffuses Rauschen am Band und ein hartes Cut-Geräusch, das an die Stopp-Taste eines ITT-Schaub- Lorenz-Kassettenrekorders erin-

nert.
Zweiunddreißig Jahre nach diesem angeregten Gespräch muss ich zugeben, dass ich die Aprilia Moto 6.5 eigentlich großartig finde. Damals hätte man mich damit jagen können, wie man so sagt, aber jetzt finde ich das »Starcke Stück« doch sehr interessant. Die Designer-Maschine würde auch heute noch für Aufsehen sorgen und könnte locker als aktueller Entwurf interpretiert und damit aus kunsthistorischer Sicht komplett missverstanden werden.
Da fällt mir mein Musikprofessor im Gymnasium ein, der so gerne sagte: »Was heute modern ist, kann übermorgen schon modern« Dieses Schicksal ist der Starck-Aprilia erspart geblieben, weil sie ja eh nie in Mode war.

DATEN

Wassergekühlter Viertakt-Einzylindermotor, 650 cm^3, Vergaser, Leistung 31 kW (42 PS) bei 6250/min, max. Drehmoment 51 Nm bei 4500/min, Zentralrohrrahmen aus Stahl, Telegabel, Zentralfederbein, Reifen 100/90 H 18, 130/90 H 17, vollgetankt 181 kg, Tankinhalt 16 Liter, Topspeed 158 km/h, Preis (1995) 10 850 Mark, Bauzeit 1995 bis 1996

Für Jäger und Sammler

Sagen wir mal so: Für einen Exot unter den Exoten, dazu mit so extrem kurzer Bauzeit, ist das Angebot der Starck'schen Priller eigentlich schon phänomenal. Sprich: Man findet welche und diese obendrein zu bezahlbaren Tarifen. Ab rund 2500 Euro tauchen»Sechspunktfünfer« in den Portalen auf. Natürlich im Originalzustand, zum Teil unter 20 000 km.

APRILIA MOTO 6.5 VON 1995

Im Verkauf eher ein Flop. Aber eine zeitlose Augenweide.

Zonkos Attacke: Über die Einstellung am Motorrad

LIEBER VOLL AM LIMIT?

Imperative vulgo Verhaltensregeln werden meist als Einschränkung empfunden. Manche von ihnen bewirken allerdings mindestens so viel wie die richtige Einstellung der Zugstufe.

Der hungrigen Meute, die schon ungeduldig darauf wartete, endlich Feuer geben zu dürfen, gab der Avon-Mann nach dem technischen Reifenvortrag noch etwas mit auf den Weg: »Vor Zebrastreifen verhalten wir uns wie Gentlemen. Mit genügend Abstand warten wir, bis die Fußgänger, egal wie langsam oder schnell sie gehen, die Straße überquert haben. Dann fahren wir weiter.«

Im Nachhinein bin ich mir nicht mehr sicher, ob Mister Avon in Bezug auf den Schutzweg weiter ins Detail gegangen ist, oder ob ich mir das dann selber noch ausgemalt habe, aber jedenfalls wurde mir klar, dass es vollkommen unwürdig ist, einen Fußgänger mit kurzen Gasstößen zu motivieren, endlich die Straße frei zu machen, oder knapp hinter ihm raketenartig durchzustarten.

Diese kleine Geste im Zeichen des freundlichen und respektvollen Miteinanders war aber nicht alles, was Mister Avon von uns verlangte: »Wir müssen selbstsicher sein. Wir haben unsere Maschinen im Griff, wir wissen um die überlegene Fahrdynamik, und wir sind stolz darauf, Motorradfahrer zu sein. Wenn wir das ausstrahlen, werden wir im Verkehr keine Konflikte haben. Man wird sich nicht mit uns anlegen.«

Darüber habe ich viel nachgedacht. Also später. Im Moment war es aussichtslos. Denn nach der kurzen Rede stiegen wir auf die Maschinen und gaben unter der Führung des Vortragenden dermaßen Feuer, dass ich weder Kapazität noch Zeit zum Grübeln hatte. War schon sehr flott. Und das alles im Linksverkehr im Süden Englands. In den beschaulichen Ortschaften, in denen wir vorbildlich smart dahinrodelten, hätte ich Zeit zum Nachdenken gehabt, aber die alten Steinhäuser vereinnahmten mich voll und ganz und versetzten mich in den Zustand des Staunens und Bewunderns.

Buckeln und treten.

Eine der weniger guten Eigenschaften der Menschen ist, dass sie nach oben buckeln und nach unten treten, wie man so sagt. Selbstverständlich ist die Ausprägung dieser Untugend unterschiedlich stark, aber das Prinzip steckt in jedem von uns. Und deshalb ist es im Straßenverkehr im Sinne der Konfliktvermeidung so wichtig, dass man selbstsicher auftritt.

Als sozial bestimmtes Wesen befindet sich das menschliche Individuum ja immer in einer Hierarchie. Knapp formuliert sind oben die Macht, die Ressourcen, die Freiheit und die Befehlsgewalt, und unten die Ohnmacht, die Armut, die Knechtschaft und die Opferrolle. So gesehen ist es nicht verwunderlich, sondern ganz natürlich, dass der Mensch lieber weiter oben in der Hierarchie ist als unten. Und wie kommt er mit dem geringsten Risiko rauf? Richtig, durch buckeln. Und wie sichert er sich oben ab? Richtig, durch nach unten treten. Und was hat das jetzt mit dem Straßenverkehr zu tun? Na, ganz normal alles.

Wir kaufen uns ja nicht die größten Maschinen, weil wir sie brauchen, sondern weil wir für alle sichtbar machen wollen, wer wir sind und wo wir in der Rangordnung stehen. Die große GS von BMW zum Beispiel ist fraglos auch deshalb so begehrt, weil sie gut ist und einen breiten Einsatzzweck hat, doch ihr Verkaufserfolg hängt entscheidend mit ihrem überaus wuchtigen Auftritt zusammen. Mein Freund Bertl brachte das damals auf den Punkt: »Ich weiß schon, dass eine Fireblade viel schneller, aggressiver und brutaler ist als meine 1150er GS, aber wenn ich an der Ampel stehe, blicke ich ganz normal auf die Fireblade hinunter. Die steht neben mir wie eine Miniatur. Und dass der gemeine Autofahrer mehr

Respekt vor der Mammut-artigen GS hat als vor der Katzen-artigen Blade, ist logisch.«
Größe und Wucht beeindrucken. Ist bei den Bürgerkäfigen genau das gleiche. Ein 500er Abarth richtet jeden SUV fürchterlich her, wenn es ernst wird (außer auf der Autobahn), aber dennoch verbreitet er viel weniger Angst und Schrecken als die riesige, übergewichtige Blechhütte mit den fetten 22 Zöllern.
Das Verbreiten von Angst und Schrecken ist jetzt

nichts, das ich a priori großartig finde, aber es ist gerade im Straßenverkehr im Sinne der vorbeugenden Konfliktvermeidung wichtig, sich Respekt zu verschaffen. Damit hatte der Avon-Mann absolut Recht.

Deutlich vor Augen geführt wurde mir das auf der dritten Generation der R1. Yamaha hatte die Maschine, die in der Urversion heikel zu fahren war und selbst erfahrene Piloten in hohem Bogen abzuwerfen vermochte, mittlerweile soweit entschärft bzw. verbessert, dass auch weniger Geübte locker damit zurechtkamen, sofern sie nicht unabsichtlich Vollgas gaben, und so ließ ich guten Gewissens eine Freundin damit fahren. Es war leider haarsträubend. Denn auf den vier, von Unsicherheit geprägten Kilometern bis zum Kaffeehaus wurde sie ganz normal drei Mal geschnitten. Das gab mir zu denken. Mir war das auf der R1 nie passiert. Ich wedelte durch die Kolonnen, beschleunigte an der Ampel in die Galerie und betrachtete die anderen Verkehrsteilnehmer wie Signalhüte mit Bewegungsfunktion. Sicher hat sich der eine oder andere Käfigbürger im Bürgerkäfig gedacht, dass ich wahnsinnig sei, aber auf ein Rangordnungsgeplänkel ließ sich keiner ein. Man kämpft ja meist nur, wenn man glaubt, leicht gewinnen zu können. Da war die nicht ganz souverän agierende Freundin auf der R1 naturgemäß ein ideales Opfer.

Zu denken gab mir aber auch die Maßnahme, die sie setzte, nachdem sie ein Mercedes Sprinter geschnitten hatte: Sie ließ empört und erzürnt hinter dem Kastenwagen den Motor aufheulen. Ja Himmel, wie peinlich. Viel Lärm um nichts. Entweder mit Würde akzeptieren, dass man verloren hatte, oder ganz normal vorfahren, sich vor den Lieferwagen quetschen und den guten Mann mit einem Burn-Out in dichten Rauch hüllen und ihn metaphorisch »in der Pfeife rauchen.«

Selbstverständlich sind derartige Auswüchse im Straßenverkehr eigentlich absurd und jenseits von gut und böse, aber die Ranglereien (siehe Rangordnung) mit den Fahrzeugen sind Evolutions-bedingt menschlich. Will man ihnen aus dem Weg gehen, muss man Selbstsicherheit ausstrahlen. Und manchmal hilft es auch, wenn man für komplett wahnsinnig und vollkommen entsichert gehalten wird.

Voll am Semmerl?

Möglicherweise haben mir die Imperative des Avon-Pressesprechers deshalb so gut gefallen, weil er in knappen Sätzen punktgenau zum Ausdruck brachte, wie sich ein souveräner Motorradfahrer verhält. Ich habe mir darüber nie den Kopf zerbrochen, weil ich erstens sowieso immer sehr stolz war, ein Motorradfahrer zu sein (seit meiner frühesten Kindheit war ein Motorrad einfach das beste Ding auf Erden für mich), und mir dadurch beim Fahren das Ausstrahlen einer gewissen Selbstsicherheit quasi automatisch passierte. Mit stolz geschwellter Brust, frohlockender Seele und tiefer Zufriedenheit wirkt man einfach nicht wie ein Opfer. Ja, und die Sache mit dem Respekt für die anderen hat mir auch nie große Probleme bereitet. Das funktionierte alles ganz natürlich. Bin ja zum Glück kein Misanthrop.

Allerdings brauchte es doch viele Sommer bis ich den mentalen Rebound dämpfen konnte. Keine Frage, es gibt eine Situation, in der es von Vorteil ist, wenn die Gabel nach der Komprimierung forsch aus den Federn schnellt (beim Einleiten eines Wheelies), aber in der Regel ist es wichtig, die Zugstufe so weit zuzudrehen, dass das Fahrwerk nicht nach jedem Impuls »aufgeht«. Und genauso verhält es sich mit der Psyche. Wenn man nach jeder kleinen Irritation sofort in den Kampf- oder Konfrontationsmodus wechselt, wird man sehr oft über das Ziel hinausschießen und sich komplett umsonst aufregen – und sich lächerlich machen. Solche Fehleinschätzungen sind wohl jedem von uns schon passiert. Vor einem brodelt eine Dose mit 80 km/h dahin, obwohl 100 erlaubt wären und sich 150 locker ausgehen würden, und man verliert langsam die Geduld. Überholen ist nicht gefahrlos möglich, Gedanken verdichten sich: »Fahr endlich weiter, du armseliges Würstl! Warum hältst du alle auf?! Spielst sicher mit dem Handy!« Und wenn man dann endlich überholen kann, blickt man verächtlich in die Dose und sieht eine voll konzentrierte, tapfere Dame, die sich mit 80 km/h halt viel sicherer fühlt als mit 100. Da darf man sich dann genieren und selbst beschimpfen.

Ein guter Gedanke im Sinne des gedämpften, mentalen Reboundes ist: Das Meiste, das uns im Straßenverkehr aufregt, passiert nicht mit Absicht.

Dass es vereinzelt echte Ungustln, also Menschen mit niederen Beweggründen gibt, kann zwar nicht geleugnet werden, bringt mich aber sicher nicht dazu, eine argwöhnische Grundhaltung einzunehmen und hinter jedem Manöver einen persönlichen Angriff zu orten. Solange ich selber eine echte Freude im Sattel habe und vollkommen eins mit der geliebten Maschine Feuer gebe, kann mich die Miesmacherei mancher Zeitgenossen nicht einbremsen. Den Moralaposteln, Spaßbremsen und Verbotsfetischisten, die es als eine Art Lebensaufgabe sehen, Motorradfahren einzuschränken bzw. zu verbieten, rufe ich aus der Galerie zu: »Lieber voll am Limit als voll am Semmerl!« Man könnte es auch weniger speziell formulieren: Lieber froh als traurig, lieber voll Energie als ausgelaugt und frustriert oder lieber entspannt als verkrampft. Im althergebrachten Satz: »Jeder ist seines Glückes Schmied« steckt keine Generalvollmacht, aber viel Gutes.

Wenn ich über die Einstellung beim Fahren nachdenke …

… sehe ich die Psyche als Fahrwerk. Wichtig ist die richtige Dämpfung der Zugstufe. Wer bei jeder kleinen Irritation gleich »aufgeht« und sich »aufschaukeln«« lässt, wird oft über das Ziel hinausschießen. Denn die meisten Ärgerlichkeiten im Straßenverkehr passieren nicht mit böser Absicht. Und dem Motorradhasser, dem man eine gewisse Feindseligkeit durchaus unterstellen darf, kann ich nur sagen: »Tut mir leid für dich. Du hast halt keine Ahnung, wie großartig Motorradfahren ist. Und wenn ich mir anschaue, wie unzufrieden und unglücklich du bist, weiß ich genau, dass ich richtig liege. Selbst wenn ich mich gerade am Asphalt ausgebreitet habe.«